すいすい編める！Clutch bag

すいすい編める！Clutch bag

すいすい編める！ Clutch bag

すいすい編める！Clutch bag

日本人氣編織作家的
30 堂編織 Lesson

設計 × 手拿包

Contents

Part 1　基本款手拿包

Part 2　日常用手拿包

Part 3　用法多變的 2 Way包

開始編織前

針對本書中使用的線材、針具等材料與工具，以及編織的基本技巧進行解說。
在動手鉤織包包前，先行了解這些必要知識吧！

• 關於線材

本書刊載的包款，主要是使用Eco Andaria與Comacoma兩種線材。
雖然有著不同的特徵，但兩者皆是編織順手，又能製作出牢固好用包包的手織線。

Eco Andaria	Eco Andaria 《絣染》	Eco Andaria 《Crochet》	Comacoma	亞麻線 《LINEN》
來自木材紙漿的天然纖維、100％Rayon材質的線材。觸感佳且容易編織。	段染的Eco Andaria，僅僅一條織線就能作出繽紛多彩的織片。	為Eco Andaria一半粗細的線材。具有適當的彈性與硬度，可以製作出模樣細緻的作品。	以100％苧麻（黃麻）製成的手藝用麻繩，柔軟且容易編織。	100％亞麻的並太線。具有適當的彈性與柔軟度，最適合用來編織織細的花樣編。
40g／球（約80m）·全55色·嫘縈100％·鉤針5/0至7/0號	40g／球（約80m）·全12色·嫘縈100％·鉤針5/0至7/0號	30g／球（約125m）·全10色·嫘縈100％·鉤針3/0至4/0號	40g／球（約34m）·全16色·指定外纖維（黃麻）100％·鉤針8/0號 棒針8至10號	25g／球（約42m）·全17色·麻（亞麻）100％·鉤針5/0號

※以上刊載內容皆為一球的重量（線長）·顏色數量·構成材質·使用針具標準。所有線材皆為Hamanaka株式會社的商品。詳細資訊請洽詢P.80品牌官網。

取出線頭的方法

手指伸入線球中心，找出線頭，捏住線頭後抽出。

Eco Andaria可以直接以裝在袋中，且無需拆下標籤的狀態，抽出線端。

持線方法

1 如圖示將織線掛在不持針的手上。

2 立起食指，以中指與拇指捏住織線。

• 為作品加分的配件＆材料

以下特別推薦三款配件與材料，
讓編織包使用起來更方便，且更具風格。

以「海星」增添潮流感

海星或貝殼等造型配飾，可以作為包包的亮點，完成漂亮又時尚的作品。本書中使用兩種海星與一種貝殼配飾。
飾品背面皆附釦腳，因此可以穿入繩子，或直接縫合固定。

海星

海星M（圖左）／型號SF-2M・65mm　海星S（圖右）
／型號SF-2S・55mm　皆為樹脂製

朱古力海星

朱古力海星M（圖左）／型號SF-IM・43mm　朱古力海
星（圖右）／型號SF-IS・35mm　皆為樹脂製

貝殼

型號SF-3・45mm
樹脂製

海星的縫合方法

將包包編織線或手縫線穿針，再穿入海星的釦腳，縫
合固定於包包主體。

海星使用範例

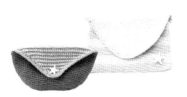 

直接縫於設計簡潔的包包上，立即成為
亮眼的重點裝飾。

連同綁繩一起運用於袋口處，不但美
觀，亦可以作為固定袋口的開關，非常
方便。

纏繞的綁繩請選「麂皮繩」

若想選擇搭配海星一起使用的綁繩，那就選用麂皮繩吧！
只要一圈圈地纏繞，不僅能夠作為袋口的開關，也能凸顯包包整體的設計，更添時尚感。特別適用掀蓋式的手拿包。

合成麂皮繩

3m／捲・3mm寬・全7色

麂皮繩的縫合方法

如圖示，將麂皮繩穿入海星等配飾的釦腳打結，再縫
合固定於包包上即可。

麂皮繩的使用範例

適當地纏繞包身，再將餘下繩端捲繞配飾固定。

※海星與合成麂皮繩皆為Sun Olive株式會社的商品。關於商品的官方資訊請見P.80。

縫上「拉鍊」使用更便利！

袋口縫上拉鍊不僅可以輕鬆開關，包包傾倒時，物品也不至於掉出來，使用起來令人放心。特別適用於波奇包款的手拿扁包。
接下來將解說拉鍊長度的調整方法，請配合想要編織的作品調整長度。

配合袋口長度裁剪的作法

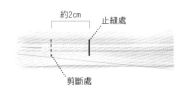

約2cm
止縫處
剪斷處

若使用尼龍拉鍊，須以縫紉機等在必要長度進行止縫，並預留約2cm的長度後剪斷。

上止
拉鍊齒

若使用金屬拉鍊，則是在必要長度的位置作記號，以鉗子等將兩邊上止拆下，再將邊端至記號部分的拉鍊齒（拉鍊兩側咬合並固定的零件）依序以鉗子拆下，重新安裝上止後，裁剪多餘的布帶即可。

不剪斷拉鍊的縫合作法

亦可不剪斷拉鍊直接縫合。將拉鍊多餘的部分放入包包內側，縫合固定即可。因為不需要使用鉗子等工具，所以作法很簡單。

關於工具

以下將從鉤針、棒針開始，介紹編織時必備的工具，以及有它會更方便的用具。
請於開始編織前，與織線一起準備吧！

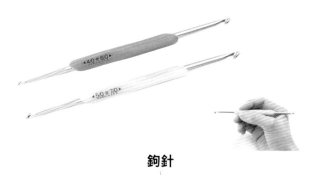

鉤針

針尖呈鉤狀的針具，本書作品主要使用3/0號、5/0號、6/0號、7/0號、8/0號鉤針。數字越大針越粗。以慣用手拿著鉛筆般持針鉤織。

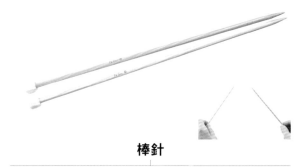

棒針

為細長的棒狀針具，使用2枝以上進行編織，本書作品主要使用2枝8號針。與鉤針相同，數字越大表示針越粗。持針方式為兩手呈八字形拿著2枝棒針編織。

毛線針

處理線頭或是併縫織片時使用的針具，請配合線材的粗細選用。織線穿針時，將線端對摺，穿入毛線針的針孔中，再以指尖拉出即可。

麻花針

以棒針編織交叉針時，暫時穿入休針針目的工具。主要分為大、中、小三種尺寸，請配合使用針具的粗細來挑選。

針目記號 & 段數記號圈

編織時為了釐清段數或針數而掛在織片上的記號圈。段數記號圈（上）是嵌入完成的織段針目上；針數記號圈（下）則是在編織途中，掛於棒針上。

• 關於織圖與密度

此為P.41起，作法頁刊載的
織圖與密度相關說明。

鉤針編織的織圖看法

輪狀起針的鉤織

此為輪狀起針開始鉤織的織圖。通常是看著織片正面，以逆
時鐘的方式，朝著相同方向一圈圈鉤織針目。

鎖針起針的輪編

鎖針起針開始，再進行輪狀編織的織圖。進行編織時與輪狀起針相同，同樣
是看著織片正面，逆時針朝著相同方向一圈圈鉤織。

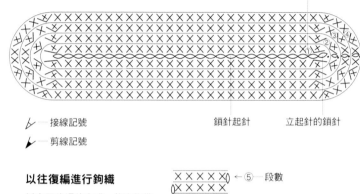

立起針的鎖針
段數
輪狀起針

段數
鎖針起針　立起針的鎖針

╱── 接線記號
▶── 剪線記號

以往復編進行鉤織

以來回往返的方式，筆直鉤織
的織圖。由鎖針起針開始，每
鉤織一段就將織片翻面，交互
看著織片正面與反面鉤織。

← ⑤ 段數
立起針的鎖針
→
← ①
鎖針起針　　編織方向

棒針編織的織圖看法

棒針編織的織圖是縱向為段，橫向為針目。段數是由下往上計算，針數則是由右往左計算。
基本上是每編織一段就將織片翻面，以來回的往復編筆直朝上編織。由於記號圖是代表織片
正面呈現的模樣，因此看著背面編織時，要將下針視為上針，上針視為下針來編織。

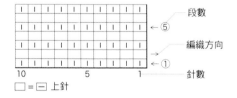

段數
← ⑤
編織方向
← ①
10　　5　　1　針數
□ = ─ 上針

關於密度

何謂密度？

所謂密度，是指在10cm平方的織片內，計
算其中的段數與針數，作為實際編織的大
致基準。首先，編織15至20cm左右的正方
形織片，以熨斗整燙過後，再去計算織片
中央10×10cm的段數與針數。若希望完成
與刊載作品相同的尺寸，就必須事先測量
密度。當測量出來的針數、段數多於指定
密度時，可以改用粗1至2號的針具，針數
較少時則改以細1至2號的針具來進行。

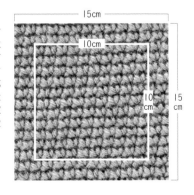

─ 15cm ─
10cm
10
cm
15
cm

密度的算法

首先求得1cm平方的密度段數與針數，之後只要丈量作
品的完成尺寸，即可算出整體織片的段數與針數（小數
點以下請四捨五入）。

例） 當密度為短針13針15段＝10cm平方
　　　完成尺寸為寬29cm・高23cm時

1. 計算周圍的長度　寬29cm×2＝周長58cm
2. 計算1cm平方的針數與段數
　　13針÷10＝1.3針　　15段÷10＝1.5段
3. 代入完成尺寸
　　周長58cm×1.3針＝75.4針　高23cm×1.5段＝34.5段
　　由此得知，編織75針35段即可完成作品。

基礎技法

以下將針對鉤針及棒針的基礎技法與針目記號一一進行解說。
熟練基本針法後，即可享受各式各樣的編織樂趣。

鉤針鉤織

輪狀起針

1 織線在食指上繞2圈，作出線圈（輪）。

2 將鉤針穿入線圈，掛線鉤出後，如圖再次掛線，依箭頭指示引拔鉤出織線。

3 鉤針如圖掛線，依箭頭指示鉤出織線，鉤織立起針的鎖針。

4 鉤針穿入線圈，掛線鉤出後，再次掛線，完成1針短針。

5 參照織圖鉤織必要的短針數，暫時取下鉤針，拉動線頭，收緊連動的第一個線圈。

6 再次拉動線頭，收緊另一個線圈。

7 鉤針重新穿入最後的針目，在第1針入針，掛線後依箭頭指示引拔。

8 至此完成第1段的鉤織。

鎖針接合成圈的輪狀起針

1 參照織圖鉤織必要針數的鎖針後，鉤針穿入第1針。

2 鉤針掛線，依箭頭指示引拔，接合成圈。

3 再次掛線引拔，鉤織立起針的鎖針。

4 鉤針穿入輪中，參照織圖鉤織第1段。

鎖針

1 鉤針靠在織線外側，依箭頭指示旋轉1圈。

2 鉤針掛線後，依箭頭指示鉤出織線。

3 鉤針再次掛線，依箭頭指示鉤出織線。此即為1針鎖針。

4 重複步驟3的動作進行鉤織。

短針

……第2針

1 跳過立起針的1針鎖針，鉤針依箭頭指示，穿入第2個針目。

2 鉤針掛線，依箭頭指示鉤出織線。

3 鉤針再次掛線，一次引拔掛在針上2個線圈。

4 完成1針短針。

中長針

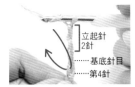

1 鉤針掛線，跳過立起針的3針鎖針，依箭頭指示穿入第4個針目。

立起針2針
基底針目
第4針

2 鉤針掛線，依箭頭指示鉤出織線。

3 鉤針再次掛線，一次引拔掛在針上的3個線圈。

4 完成1針中長針。

長針

1 鉤針掛線，跳過立起針的4針鎖針，依箭頭指示穿入第5個針目。

立起針3針
基底針目
第5針

2 鉤針掛線，依箭頭指示鉤出織線。

3 鉤針再次掛線，依箭頭指示，僅引拔前2個線圈。

4 鉤針再次掛線，依箭頭指示，引拔餘下2個線圈。

長長針

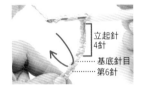

1 鉤針掛線2次，跳過立起針的5針鎖針，依箭頭指示穿入第6個針目。

立起針4針
基底針目
第6針

2 鉤針掛線，依箭頭指示鉤出織線。

3 鉤針再次掛線，依箭頭指示，僅引拔前2個線圈。

4 再次掛線，同樣僅引拔前2個線圈。再次掛線，一次引拔餘下的2個線圈。

2短針加針

1 鉤織1針短針後，再次於同一個針目挑針。

2 再鉤織1針短針。

2短針併針

1 鉤織2針未完成的短針（鉤織短針時，最後一次引拔針上線圈前的狀態）。

2 鉤針掛線，一次引拔掛在針上的3個線圈。

2長針加針

1 鉤織1針長針，接著鉤針掛線，穿入同一個針目。

2 再次鉤織1針長針。

引拔針

1 鉤針依箭頭指示穿入前段的1針中。

2 鉤針掛線，依箭頭指示引拔出織線。

※記號的針腳相連時，是穿入前段針目挑針鉤織；針腳分開時，則是穿入前段針目下方空間，挑束鉤織。

短針的筋編

1 鉤針穿入前段針目的外側1條線。

2 鉤織短針。

※畝編也是相同記號。但筋編為線條浮凸於織片正面，畝編則是正反交織形成羅紋狀。

逆短針

1 織完1段後，鉤織立起針的1針鎖針，織片不翻面，鉤針依箭頭指示旋轉，回頭挑針。

2 掛線鉤出，鉤織短針。

表引長針

1 鉤針掛線，在正面橫向穿入前段長針的針腳。

2 掛線鉤出，鉤織長針。

裡引長針

1 鉤針掛線，從背面橫向穿入前段長針的針腳。

2 掛線鉤出，鉤織長針。

3長針的玉針

1 在同一個針目挑針，鉤織3針未完成的長針。

2 鉤針掛線，一次引拔針上的所有線圈。

※記號的針腳相連時，是穿入前段針目挑針鉤織；針腳分開時，則是穿入前段針目下方空間，挑束鉤織。

1針交叉長針

1 跳過針目A，先在針目B鉤織1針長針。

2 鉤針掛線，經由步驟1完成的針目內側挑針目A，鉤織1針長針。

4長針的爆米花針

1 在同一針目織入4針長針後，暫時抽出鉤針，如圖示穿入第1針與原本針目，再鉤出原本針目。

2 鉤針掛線依箭頭指示鉤出，鉤織鎖針即完成。

短針的環編

1 中指穿入織片與食指間，壓下織線，鉤針在前段針目入針，掛線鉤出。

2 以中指壓下織線的狀態鉤織1針短針，抽出中指。背面會形成一個線環。

鎖針接縫

1 織到最後一針時，線端預留約15cm後剪斷抽出，穿入毛線針，如圖示於第2針入針。

2 拉出織線後，重疊於第1針似的，沿著織線穿回最後一針的中心，拉線收緊。

其他針目記號

3短針加針
依「2短針加針」的要領，於同一針目中織入3針短針。

3短針併針
依「2短針併針」的要領，鉤織3針未完成的短針，一次引拔。

表引長長針
依「表引長針」的要領，從內側橫向穿入前前段針目的針腳，鉤織長長針。

變形笹編

1 鎖針起針鉤織必要針數，再鉤3針鎖針作為立起針，跳過1針，在第2針入針，鉤出織線。

2 以相同方式繼續挑5針鉤織，形成鉤針上掛著6針的狀態。

3 鉤針掛線，一次引拔6個線圈。

4 鉤織1針鎖針，完成變形笹編。

5 下一針首先在中心處入針，同步驟1鉤織第1針（步驟4的鉤針不算作1針）。

6 第2針依箭頭指示挑針。

7 依箭頭指示按順序挑第3至5針，一次引拔，鉤織1針鎖針。

棒針編織

手指掛線起針

1 線頭端預留約編織長度的3倍線長，如圖示作一線環，掛在2枝棒針上。

2 收緊線圈後，拇指掛線頭端織線，食指掛線球端織線，其下織線以其他手指拉住固定。棒針上的織線則以右手手指壓住。

3 棒針依箭頭指示挑起掛在拇指上的織線。

4 再依箭頭指示穿入食指的織線中。

5 依箭頭指示鉤出織線。

6 鬆開拇指上的織線，接著拇指再次由線的內側穿入，拉緊掛於棒針上的織線。

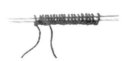

7 重複步驟3至6。

8 編織必要針數後，抽出1枝棒針。完成第1段。

下針

1 織線置於棒針的外側，右棒針依箭頭指示由內側穿入針目。

2 右棒針掛線，依箭頭指示鉤出織線，針目滑出左棒針。

上針

1 織線置於棒針的內側，右棒針依箭頭指示由外側穿入針目。

2 右棒針掛線，依箭頭指示鉤出織線，針目滑出左棒針。

左上
1針交叉

1 棒針依箭頭指示穿入針目B，並且直接從針目A的右側出針，掛線後編織。

2 接著，棒針依箭頭指示穿入針目A，再將針目A與B滑出左棒針。

其他針目記號

左上3針交叉
依「左上2針交叉」的相同要領使用麻花針，編織3針交叉。

左上
2針交叉

1 將A、B兩針目移至麻花針上，置於織片外側暫休針。

2 編織接下來的C、D兩針。

3 編織休針的針目A與B。

4 完成左上2針交叉。

套收針
（下針）

1 編織2針下針，以左棒針挑起完成針目的第1針，套在第2針上。

2 以右棒針引拔，即完成1針套收針。餘下針目皆以相同方式進行，編織1針下針，再套上前一個針目。

3 織至最後一針後，剪斷織線，將線端穿入最後的針目中，拉線束緊。

綴縫・併縫・收針藏線

捲針縫（半針目的捲針縫）

分別在兩織片上挑針縫合的方法。兩織片對齊，毛線各分別穿入第1針的半針，拉線收緊。下一針也以相同方式挑縫，拉線收緊。以相同方式重複至最後一針。

挑針綴縫（平面針時）

兩織片對齊，挑縫邊端1針內側的橫向織線，進行綴縫的方法。交互挑縫各段邊端第1針與第2針之間的橫向織線，以此方式重複至最後。拉緊至縫線看不見的程度為止。

收針藏線

1 鉤織結束後剪線，將線頭穿入原本掛在針上的線圈，拉線束緊。

2 再將線頭穿入毛線針，毛線針穿過織片背面的數針針後穿出，剪斷織線。

• 包包製作基礎

手織包基本上是由底部開始編織。
本書介紹的包款，袋底分別有橢圓、正圓、四方等形狀。
以下將逐一解說這三種袋底的鉤織方法，
以及四方袋底時接續鉤織袋身的織法。

※全部皆為起針後鉤織短針的例子。

橢圓袋底織法

橢圓袋底為鎖針起針，再以輪編進行鉤織。

1 鎖針起針，鉤織必要針數的鎖針後，先鉤織1針立起針的鎖針，再依箭頭指示入針。

2 在起針的鎖針上鉤織相同數目的短針後，鉤針再次穿入邊端針目，參照織圖加針。

3 旋轉織片，在鎖針的另一側挑針，同樣鉤織短針。

4 鉤至邊端時，在第1針短針挑針，鉤織引拔針。至此完成第1段。第2段之後也以相同方式，參照織圖繼續鉤織。

正圓袋底織法

正圓袋底為輪狀起針進行鉤織。

1 輪狀起針後，織入必要針數的短針，完成第1段（參照P.8）。

2 第2段，首先鉤織立起針的1針鎖針，再將鉤針穿入前段短針的針頭。

3 完成1針短針後，鉤針再次穿入同一個針目鉤織短針，進行加針。

4 參照織圖加針，鉤織必要針數後，在第1針鉤織引拔針。至此完成第2段。第3段之後也以相同方式，參照織圖繼續鉤織。

四方袋底織法

四方袋底基本上是以往復編進行，接續鉤織的袋身則是在袋底針目與織段上挑針，進行輪編。

1 鎖針起針至必要針數後，鉤織立起針的1針鎖針，再起針的鎖針上鉤織必要針數的短針，完成第1段。

2 第2段，首先鉤織立起針的1針鎖針，接著將織片翻面。

3 在前段針目挑針，鉤織短針。鉤至邊端，第3段以後的織段皆以相同方式進行，先鉤織立起針的鎖針，再將織片翻面，繼續鉤織。

4 完成四方形袋底後，鉤織立起針的1針鎖針。鉤針依箭頭指示，挑袋底織段的針目，穿入短針的針腳之間進行鉤織。

5 袋底起針針目的部分，則是挑鎖針餘下的半針進行鉤織。

6 以短針鉤織一圈後，在第1針鉤引拔針，至此完成袋身的第1段。之後參照織圖，繼續以輪編鉤織。

1 | 基本款手拿包

運用短針或長針等基礎針法，加上簡單的配色方式，
即便是初次編織也能完成經典的手拿包。

拉鍊手拿扁包

適合搭配休閒風格的簡約拉鍊式手拿包。
沿起針的鎖針兩側挑針，再進行短針的輪編即可，
作法非常簡單。

▷ Design_青木惠理子
▷ yarn_Hamanaka Comacoma c#16（鈷藍色）・c#15（可可亞棕）

How to make ▸ P.41 ⟩

One
Point
=

藉由縫合拉鍊提升便利性。即使是大型文
具也能收納。

流蘇繩釦手拿梯形包

帶有恰到好處的圓潤感,且易於手持的梯形手拿包。
較窄的袋口不易露出其中收納的物品,為其特色之一。
只需以短針織成長方形即可,作法比想像中簡單。
海星配飾在駝色系的襯托下顯得更加耀眼,
成為整個包包的亮點。

▷ Design_岡本啓子
▷ make_宮崎満子
▷ yarn_Hamanaka Eco Andaria c#169(砂褐色)

How to make ▸ P.42

掀蓋式長針手拿包

一年四季皆能使用的淺灰色手拿包。
袋身為短針，袋蓋則以長針鉤織，
雖然只使用單色，也能呈現豐富的層次。
綴以海星配飾，更能襯托出時尚感。

▷ Design_河合真弓
▷ make_栗原由美
▷ yarn_Hamanaka Comacoma c#13（灰色）

How to make ▸ P.44

How to make ▸ P.44

One
Point

只要將麂皮繩捲繞於海星配飾上，即可確
實扣住袋口。

Clutch bag

金色直紋手拿包

以金色作為跳色的直條紋花樣，織成簡單有型的手拿包。
即使前往派對場合亦能成為令人矚目的焦點。
搭配的三股編飾繩讓整體設計更為完整，
成為一款洗練又精緻的包款。

▷ Design_橋本真由子
▷ yarn_Hamanaka Eco Andaria c#169（砂褐色）・c#170（金色）

How to make ▸ P.45

One
Point

三股編繩僅裝飾用，實際上是以磁釦作為
簡單開關。

2 | 日常用手拿包

匯集所有想要每日使用的時尚元素吧！
以喜愛的顏色、形狀、大小、花樣，製作出世界上獨一無二的手拿包。

環形飾帶兩摺手拿包

花樣編自然隨性的線條，在海軍藍的襯托下更顯時尚。
主體以輪編進行，最後將袋底捲針縫即可，作法相當簡單。
復古綠的環形飾帶充分詮釋出女性的柔美。

▷ Design_河合真弓

▷ make_関谷幸子

▷ yarn_Hamanaka Eco Andaria c#57（藏青色）・c#68（復古綠）

How to make ▸ P.46

One
Point

環形織片拼接的飾帶不僅作為袋口開關，
亦是時尚的亮點。

牛角釦摺疊手拿包

利用竹節型牛角釦作為開關的手拿包。
由橢圓底開始，以輪編一圈圈地鉤織短針。
兼具柔軟與扎實度的織片，使用的便利性也十分出眾。

▷ Design＿青木惠理子

▷ yarn＿Hamanaka Comacoma c#9（苔蘚綠）

How to make ▶ P.47

One
Point

恰到好處的側幅與尺寸感，非常符合日常
使用。

一枚織片手拿包

在大型花樣織片上接縫側幅，製作而成的手拿包。
不僅適用手拿，亦可曲臂以手挽著，是運用自如的設計。
即便只有單色，玉針的立體感仍然能夠營造出時尚感。

▷ Design_Ronique（ロニーク）
▷ yarn_Hamanaka Comacoma c#16（鈷藍色）

How to make ▶ P.48

How to make ▶ P.48

One
Point

飾繩可以取下，依心情隨意搭配這點也相
當有趣。

法式三色大型手拿包

充滿法式風情的藍、白、紅三色組合，
再加上貝殼配飾的海洋風，為夏日穿搭更添風情。
也是一款收納能力十足的大型手拿包。

▷ Design__奧 鈴奈（R*oom）

▷ yarn__Hamanaka Eco Andaria c#37（胭脂紅）‧c#168（原色）‧c#57（藏青色）

How to make ▶ P.50

One
Point

將貝殼配飾與麂皮繩接縫於袋口，作為釦
具使用。

百褶織紋春色手拿包

在打褶般的條紋袋身，接縫半圓形掀蓋的可愛手拿包。
春色洋溢的繽紛色調與荷葉邊風格的飾帶，
更加凸顯出活潑感。

▷ Design＿吉田裕美子（編み物屋さん〔ゆとまゆ〕）
▷ yarn＿Hamanaka Eco Andaria《耕染》c#225（粉紅色·黃色段染）
　　　Hamanaka Eco Andaria c#61（苔蘚綠）

How to make ▸ P.52

One Point ━

掀蓋的內側有個口袋，方便收納小物。

波西米亞風手拿包

運用織入花樣與流蘇，
打造出當下流行的波西米亞風格。
扎實的主體以Comacoma編織而成，
流蘇則以Eco Andaria線材作出輕盈感。

▷ Design＿岡本啓子　　▷ make＿宮本寬子

▷ yarn＿Hamanaka Comacoma c#8（橘色）・
　　　　c#10（棕色）・c#1（白色）、
　　　　Hamanaka Eco Andaria c#69（復古橘）

How to make ▶ P.51

One
Point

在飾繩前端繫上貝
殼配飾，以繩纏繞
手拿包，即可固定
袋口。

花朵織片手拿包

如同盛開著五彩繽紛的花朵，
充滿女孩兒氣息的手拿包。
透過拼接花樣織片的方式製作主體。
光是拿在手上，心情彷彿也隨之飛揚了起來♪

▷ Design＿岡本啓子

▷ make＿佐伯寿賀子

▷ yarn＿Hamanaka Eco Andaria c#68（復古綠）・
　　　　c#37（胭脂紅）・c#32（淺粉紅）・
　　　　c#71（復古粉紅）

How to make ▶ P.54

One
Point

花樣織片的立體
感，讓本身的可愛
特質更加凸顯。

腰帶環釦復古手拿包

方正俐落的輪廓，構成既復古又洗練的手拿包。
亦藉由小巧的掀蓋與腰帶環釦營造出可愛感。
具有側幅，所以可以輕鬆收納錢包或手機等物品。

▷ Design_青木惠理子
▷ yarn_Hamanaka Eco Andaria c#23（淺駝色）‧c#30（黑色）

How to make ▸ P.56

One
Point

以黑色緣編統整全體，營造出時尚洗練的
設計感。

織片口袋對摺手拿包

包身上恰到好處的鏤空織片，形成了附加口袋的手拿包。
主體結合長針與短針，鉤織出有如條紋的織片，
再以花朵般的手織鈕釦增添可愛魅力。

▷ Design＿吉田裕美子（編み物屋さん（ゆとまゆ））
▷ yarn＿Hamanaka Comacoma c#13（灰色）、Hamanaka 亞麻線《LINEN》c#11（土耳其藍）

How to make ▶ P.57

How to make ▶ P.57

One
Point

適合收納零星小物的口袋，令人開心！

撞色麻花手拿包

藍×白的雙色麻花與海星配飾，無論夏日、冬季皆能活躍於日常生活的手拿包。
以棒針編織一長片，三摺後再挑針綴縫製成袋狀。
恰當的厚度剛好服貼於手掌，易於拿取也是特點之一。

▷ Design__橋本真由子
▷ yarn__Hamanaka Comacoma c#16（鈷藍色）・c#1（白色）

How to make ▸ P.58

格紋手拿扁包

以兩色Eco Andaria，交織成波奇包般的格紋圖案手拿包。
接縫了拉鍊，因此使用起來特別方便。
作為跳色的金色，進一步凸顯出雅緻質感。

▷ Design_釘宮啓子（copine）
▷ yarn_Hamanaka Eco Andaria c#68（**復古綠**）・c#172（**金棕色**）

How to make ▸ P.59

One
Point

將手作流蘇繫於拉鍊頭，作為裝飾。

蝴蝶結手拿包

俏麗的蝴蝶結造型，展現出強烈存在感的手拿包。
茶色與白色的配色不會過於甜美，
反而帶著成熟女性的凜然設計。
織法是由中央的飾帶開始，再於左右兩側挑針鉤織。
以Eco Andaria《Crochet》營造輕盈質感。

▷ Design_橋本真由子

▷ yarn_Hamanaka Eco Andaria《Crochet》
　　　　c#804（棕色）‧c#801（原色）

How to make ▶ P.60

三角掀蓋雙色手拿包

帶著圓潤感的柔和輪廓，
結合了疊放的三角形掀蓋，
給人些許優雅印象的手拿包。
點綴海星配飾作為變化。

▷ Design_釘宮啓子（copine）
▷ yarn_Hamanaka Comacoma c#6（紫色）・
　　　c#2（淺駝色）

How to make ▸ P.66

One Point

圓形的包底設計，
可以放入各種形狀
的小物。

大人風條紋手拿包

容易給人孩子氣印象的橫條紋，
只要運用黃與灰的配色，
就能打造出沉穩又輕巧的大人休閒風。
無論何種裝扮皆易於搭配。

▷ Design_奧 鈴奈（R*oom）
▷ yarn_Hamanaka Comacoma c#3（黃色）・
　　　c#13（灰色）

How to make ▸ P.62

One Point

亦可以點綴海星配
飾作為視覺焦點。

3 | 用法多變的 2 Way 包

可以摺疊手拿，亦能當成提袋等……
本單元將介紹可以隨心情變換不同使用方式的便利兩用包款。

波浪花紋兩用手拿提包

有著波浪花樣的時尚對摺手拿包。
使用兩種線材，呈現兼具高級質感與柔軟度的成品。
黑與卡其的配色，無論任何季節與場合皆適用。

▷ Design＿岡本啓子　▷ make＿中村千穗子
▷ yarn＿Hamanaka Eco Andaria c#30（黑色）・c#59（卡其色）
　　　Hamanaka Comacoma c#12（黑色）

How to make ▸ P.63

One Point

由於具有提把開口，因此也可以作為扁包
靈活運用。

變形笹編
兩用手拿提包

凹凸不平的立體感織片結合星星般的圖案，
構成可愛的雙色扁包。
是短暫外出時也能使用的休閒設計款。

▷ Design＿奧 鈴奈（R*oom）
▷ yarn＿Hamanaka Comacoma c#10（棕色）・
　　　　 c#2（淺駝色）

How to make ▸ P.64

One
Point

隨著心情或場合
不同，也可以作
為手拿包使用。

漸層兩用手拿提包

立體斜紋與優美的漸層，
構成這款令人印象深刻的扁包。
帶有透明感的編織花樣與柔美配色，
洋溢著女人味的氛圍。

▷ Design＿釘宮啓子（copine）
▷ yarn＿Hamanaka Eco Andaria《絣染》
　　　　 c#233（粉紅色系段染）

How to make ▸ P.65

One
Point

對摺時如同手拿
包的拿法，更具
時尚感。

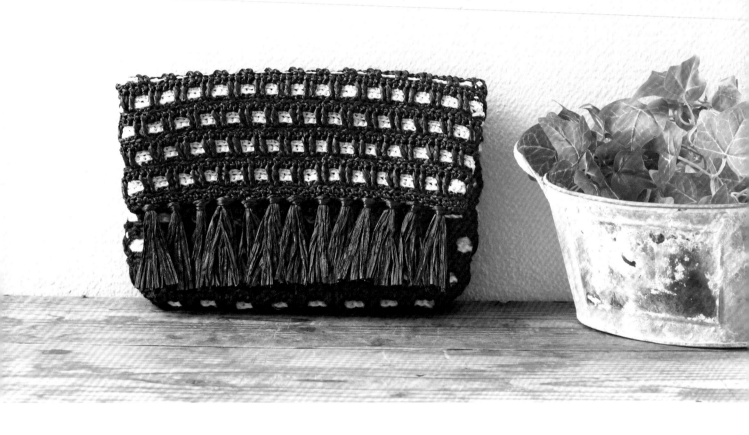

兩用手拿流蘇包

黑白雙色交織而成的格紋圖案,形成簡約的設計。
僅是添上流蘇,就使整體印象大幅改變。
接縫拉鍊作為開關,使用非常方便。

▷ Design_岡本啓子
▷ make_宮崎満子
▷ yarn_Hamanaka Comacoma c#12(黑色)・c#1(白色)
　　　Hamanaka Eco Andaria c#30(黑色)・c#168(原色)

How to make ▸ P.68

One
Point

在包身接上金屬鍊條,即可搖身一變成為
小肩包。

半圓立體花樣手拿兩用包

引上編花樣結合渾圓造型的可愛手拿包。
併縫兩片半圓形的花樣織片，再編織袋口即可完成。
接縫磁釦的掀蓋，具有開闔的功能。

▷ Design＿**橋本真由子**

▷ yarn＿Hamanaka Comacoma c#15（可可亞棕）

How to make ▸ P.71

One
Point

由於在袋口裝上了D型環，因此可以加上
包包專用的錬條或提把等。

兩用環編口金包

令人想要搭配派對禮服的典雅口金包。
透過蓬鬆的環編花樣，尺寸不大卻具有十足的存在感。
具備側幅的設計，使得收納量比想像中來得多。

▷ Design_青木惠理子
▷ yarn_Hamanaka Comacoma c#12（黑色）

How to make ▸ P.69

How to make ▸ P.69

One
Point

取下包包鍊條，亦可作為手拿包使用。

拼接織片兩用手拿包

以花朵圖案的方形織片
拼接而成的小型包。
不僅使用串入珍珠的鍊條背帶，
搭配分布於織片上的裝飾珍珠，
讓優雅氣息更加濃厚。

▷ Design_河合真弓

▷ make_関谷幸子

▷ yarn_Hamanaka Eco Andaria
　　　　c#168（原色）

How to make ▶ P.70

One
Point
＝

作為手拿包直接拿著也相當有型有款。

方形兩用托特包

全以短針鉤織而成的方底托特包。
大容量的收納機能能夠運用於各個方面。
建議選用自己喜愛的顏色來製作。

▷ Design＿奧 鈴奈（R*oom）
▷ yarn＿Hamanaka Eco Andaria c#58（灰色）

How to make ▶ P.72

One
Point

兩側的吊耳可以依需求加上肩背帶。

迷你兩用馬爾歇包

最適合短暫外出的迷你尺寸馬爾歇包。
3短針併針的花樣編為織片帶出美麗的面貌。
對比的綠色則是增添了一抹清新與可愛感。

▷ Design_橋本真由子
▷ yarn_Hamanaka Eco Andaria c#42（麥稈色）・c#17（綠色）

How to make ▸ P.74

One Point

只要在D型環扣上肩背帶，隨即變成小型
的肩背包。

風琴式兩用褶襉包

以長針織就的線條作為裝飾，
並且藉由在脇邊鎖針處穿入提把的方式，
完成手風琴狀的褶襉。
若是僅放長單側的提把，
即可變成肩背包。

▷ Design_青木惠理子
▷ yarn_Hamanaka Eco Andaria
　　　 c#165（復古黃）

How to make ▸ P.76

One
Point

只要將袋口拉開，即可變身馬爾歇包。

兩用短針托特包

同時具有長肩背帶與短提把的長方托特包。
袋身高度足夠，側幅亦寬，A4尺寸的物品也能輕鬆收納。
不妨以這搶眼的藍色作為穿搭時的主角。

▷ Design_青木惠理子
▷ yarn_Hamanaka Comacoma c#16（鈷藍色）

How to make ▸ P.78

How to make ▸ P.78

One
Point

作為手提袋使用時，則散發出截然不同的
氛圍。

迴轉式提把兩用包

引人注目的大顆鈕釦與紫色滾邊線條，勾勒出鮮明個性的菱形袋身。
由於提把能夠自由迴轉，因此可作為手提袋與手拿包使用。
主體以筋編的往復編迅速鉤織即可。

▷ Design＿岡本啓子

▷ make＿宮崎満子

▷ yarn＿Hamanaka Comacoma c#10（棕色）‧c#6（紫色）

How to make ▶ P.75

One
Point

接縫易於開闔的拉鍊，機能性十足又方便。

拉鍊手拿扁包 ▶▶▶ P14

・**準備材料**

線材	Hamanaka Comacoma（40g／球） c#16（鈷藍色）70g … A線 c#15（可可亞棕）105g … B線
針具	鉤針 8/0 號
其他	拉鍊（長30cm・原色）1條 手縫線　縫針

・**密度**　短針　13.5針15段＝10cm平方
・**完成尺寸**　寬30cm　高19cm

・**織法**

皆取1條線鉤織。

1 以A線作鎖針起針40針，沿兩側鉤織80針短針接合成圈，接下來以輪編進行不加減針的短針，鉤織至第11段。

2 更換成B線，以不加減針的短針鉤織17段。

3 在袋口內側接縫拉鍊。由於短針的輪編會出現斜行狀態，建議以最終段作為脇邊，再接縫拉鍊。

組合方式

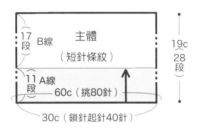

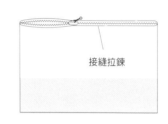

接縫拉鍊

※皆以8/0號鉤針鉤織。

主體

起針處

配色 { —— =A線
　　　—— =B線

流蘇繩釦手拿梯形包 ▶▶▶ P15

· 準備材料

線材	Hamanaka Eco Andaria（40g／球）c#169（砂褐色）100g
針具	鉤針6/0號
其他	海星配飾（SF-2S · 55mm）1個

· 密度 花樣編 20針19段＝10cm平方

· 完成尺寸 寬27cm 高17cm

· 織法

皆取1條線鉤織。

1 主體為鎖針起針24針，以往復編進行花樣編，依織圖加針鉤至第8段，接著不加減針鉤至第47段，再依織圖減針，鉤織至第54段。

2 依織圖在指定位置接線，在袋口與袋蓋邊緣鉤織短針的緣編後，主體以袋底為準，正面相對疊合，兩側以引拔針併縫成袋狀。

3 依織圖製作飾繩與流蘇，在飾繩前端接縫流蘇。

4 拆分織線抽取一股線，將海星配飾接縫於主體上。

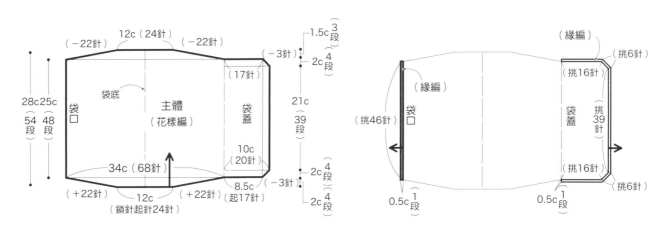

※皆以6/0號鉤針鉤織。

主體

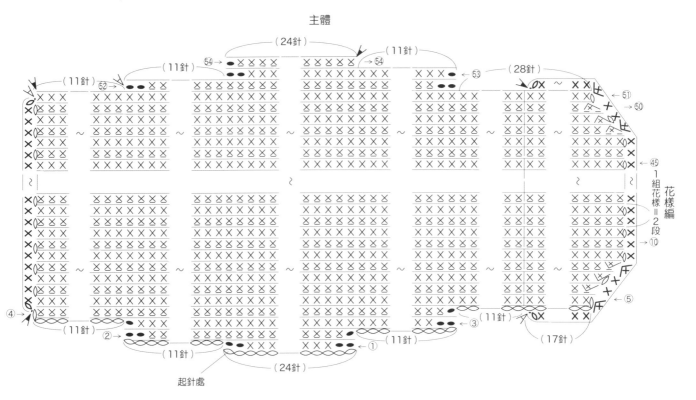

╳ ＝短針的筋編（挑內側1條線）

組合方式

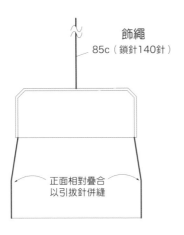

飾繩
85c（鎖針140針）

正面相對疊合
以引拔針併縫

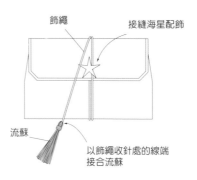

飾繩

接縫海星配飾

流蘇

以飾繩收針處的線端
接合流蘇

※流蘇作法是將10條20cm的織線對摺，
　打單結固定後，再剪齊為9cm的長度。

接續P.45

組合方式

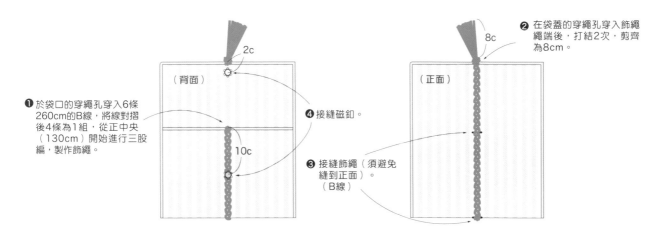

❶ 於袋口的穿繩孔穿入6條
　260cm的B線，將線對摺
　後4條為1組，從正中央
　（130cm）開始進行三股
　編，製作飾繩。

2c

（背面）

10c

❷ 在袋蓋的穿繩孔穿入飾繩
　繩端後，打結2次，剪齊
　為8cm。

8c

（正面）

❹ 接縫磁釦。

❸ 接縫飾繩（須避免
　縫到正面）。
　（B線）

換線 & 換色的方法

鉤針編織時，鉤至換線前1針目的最後引
拔時，改掛配色線再引拔。

棒針編織時，在換線的前1針目中穿入右
棒針後，改掛配色線鉤出。配色線的線
端預留10cm左右。

掀蓋式長針手拿包 ▶▶▶ P16

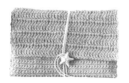

- **準備材料**

線材	Hamanaka Comacoma（40g／球）
	c#13（灰色）220g
針具	鉤針 8/0 號
其他	海星配飾（SF-1M・43mm）1個
	麂皮繩（PC-11・長140cm・米白）1條

- **密度** 短針　12.5針15段＝10cm平方
　　　　長針　12.5針6段＝10cm平方
- **完成尺寸** 寬30cm　高18cm

- **織法**
皆取1條線鉤織。
1 鎖針起針38針，以短針的往復編鉤織48段。接著，以長針的
　往復編鉤織11段。鉤織完成後以蒸汽熨斗熨燙，整理形狀。
2 以袋底為準摺疊主體，兩側指定位置以捲針縫縫合。
3 在海星配飾的鈕腳繫上麂皮繩，再以拆分的織線接縫於主體
　指定處。

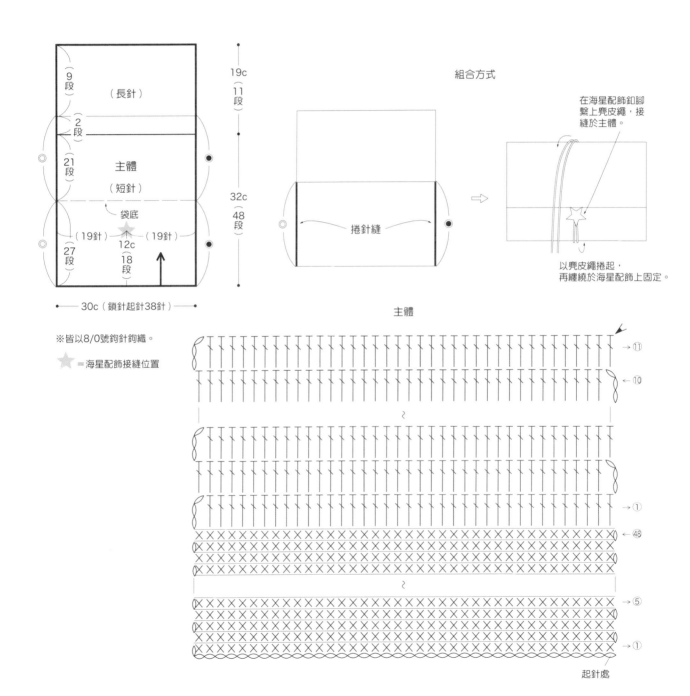

※皆以8/0號鉤針鉤織。

⭐ ＝海星配飾接縫位置

金色直紋手拿包 ▶▶▶ P17

· 準備材料

線材	Hamanaka Eco Andaria（40g／球） c#169（砂褐色）60g … A線 c#170（金色）70g … B線
針具	鉤針5/0號
其他	手縫式磁釦（直徑14mm）1組 手縫線　縫針

· 密度　短針條紋　19.5針19.5段=10cm平方
· 完成尺寸　寬29cm　高19cm

· 織法

皆取1條線鉤織。

1 主體以A線作鎖針起針100針，依織圖一邊以A、B線進行配色，一邊以短針的往復編鉤織54段。

2 依織圖在指定位置接B線，沿袋口進行緣編後，以袋底為準摺疊，沿兩側及袋蓋進行緣編，併縫成袋狀。

3 準備6條裁剪成260cm長的B線，穿入袋口的穿繩孔，進行三股編，收編處穿入袋蓋的穿繩孔後打結，再以B線縫合2處固定。

4 於主體的指定位置接縫磁釦。

※皆以5/0號鉤針鉤織。

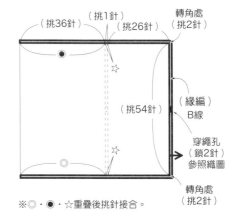

※◎・●・☆重疊後挑針接合。

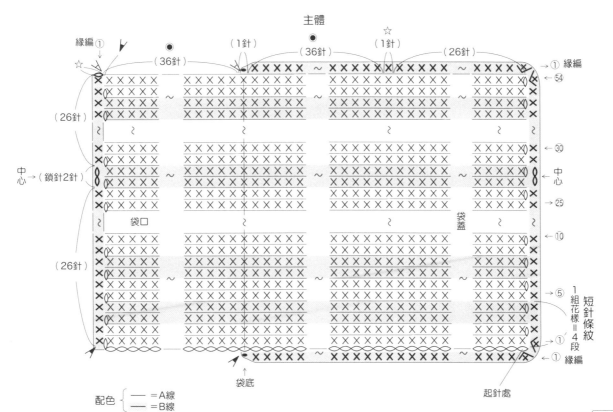

配色 { —— ＝A線
—— ＝B線

接續P.43

環形飾帶兩摺手拿包 ▶▶▶ P18

· 準備材料

線材 〉Hamanaka Eco Andaria（40g／球）
c#57（藏青色）135g … A線
c#68（復古綠）10g … B線

針具 〉鉤針5/0號

· 密度 花樣編　16.5針10段＝10cm平方
· 完成尺寸 寬32cm 高35cm（摺入飾帶時高為18至21cm）

· 織法
皆取1條線鉤織。
1 主體以A線作鎖針起針106針，頭尾接合成圈後，依織圖鉤織35段花樣編。鉤織完成後，以捲針縫縫合起針處，作為袋底，再以熨斗熨燙，整理形狀。
2 製作環形飾帶。以B線作鎖針起針10針，頭尾接合成圈，接著在圈中織入23針短針。收針處的引拔針改以毛線針進行鎖針接縫（參照P.10「鎖針接縫」）。以相同方式拼接11個花樣織片。
3 於主體的指定位置，以B線接縫飾帶。

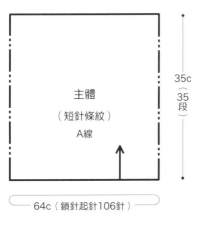

主體
（短針條紋）
A線

35c（35段）

64c（鎖針起針106針）

※皆以5/0號鉤針鉤織。

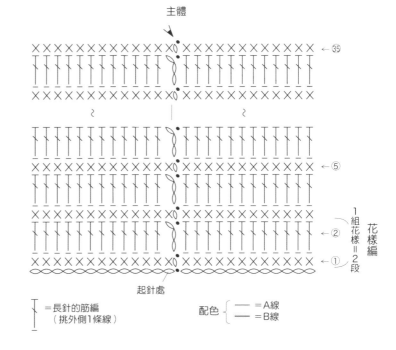

主體

←㉟

←⑤

←②
←①

1組花樣＝2段

花樣編

起針處

┃ ＝長針的筋編
（挑外側1條線）

配色 { ── ＝A線
　　　 ── ＝B線

組合方式

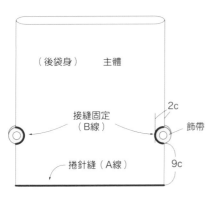

（後袋身）　主體

接縫固定
（B線）

2c

飾帶

捲針縫（A線）

9c

飾帶（拼接花樣織片）
B線

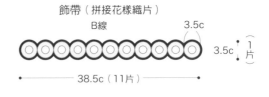

3.5c

3.5c（1片）

38.5c（11片）

⬇

往下摺入飾帶內固定。

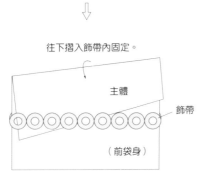

主體

飾帶

（前袋身）

花樣織片的拼接方法

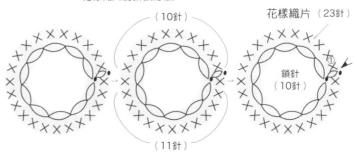

（10針）

花樣織片（23針）

鎖針
（10針）

①

（11針）

※以短針拼接的方法請見P.49。

牛角釦摺疊手拿包 ▶▶▶ P19

· 準備材料

線材	Hamanaka Comacoma（40g／球）c#9（苔蘚綠）260g
針具	鉤針8/0號
其他	Hamanaka 竹節釦（大）（H206-044-1・自然色）1個

· 密度　花樣編　13.5針16段＝10cm平方
· 完成尺寸　寬30cm　高28cm（使用高度為19cm）

· 織法
皆取1條線鉤織。
1 鎖針起針30針，沿兩側織入64針短針後接合成環狀，依織圖加針鉤至第6段。接著不加減針鉤至第44段。
2 在主體的指定位置鉤織釦環，鉤織6針鎖針後，在其上鉤入8針短針。
3 接縫鈕釦於袋身上。建議於最終段鉤織結束之後，取左右對稱的位置接縫鈕釦與釦環。

主體

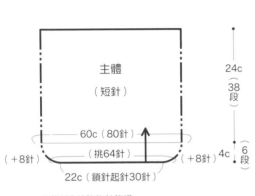

主體
（短針）

24c（38段）

60c（80針）
（挑64針）
（＋8針）　　　（＋8針）4c（6段）
22c（鎖針起針30針）

※皆以8/0號鉤針鉤織。

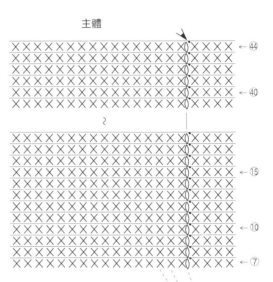

主體加針方法

段數	針數	
6至44段	80針	不加減針
5段	80針	（＋8針）
4段	72針	不加減針
3段	72針	（＋8針）
2段	64針	不加減針
1段	64針	

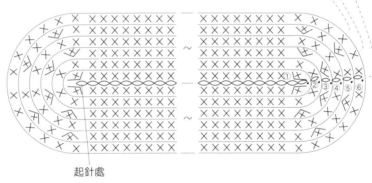

起針處

釦環（短針）

（7針）
參照織圖
（17針）　（16針）
（40針）

15針

▓＝鈕釦接縫位置

釦環

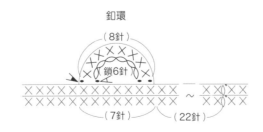

（8針）
鎖6針
（7針）　　（22針）

完成尺寸

19c

一枚織片手拿包 ▶▶▶ P20

· 準備材料

線材	Hamanaka Comacoma（40g／球） c#16（鈷藍色）280g
針具	鉤針8/0號
其他	鈕釦（直徑23mm·銀色）1個 手縫型磁釦（直徑14mm）1組 手縫線　縫針

· 密度　花樣編　13針8段＝10cm平方
　　　　短針　13針10段＝10cm平方
· 完成尺寸　寬31cm　高16cm

· 織法
皆取1條線鉤織。

1 主體為鎖針起針42針，沿兩側織入87針短針，再以往復編進行花樣編，依織圖在單側加針，鉤至第13段。接著沿袋口進行短針的緣編。

2 在主體的指定位置挑42針，依織圖鉤織3段側幅，第4段在中心鉤引拔併縫。另一側也以相同方式鉤織。

3 於主體的指定位置接縫磁釦與鈕釦。

4 飾繩為鉤織145針的繩編，最後鉤8針鎖針製成釦環。依織圖鉤織花樣織片，接縫於飾繩末端，再將釦環套在鈕釦上。

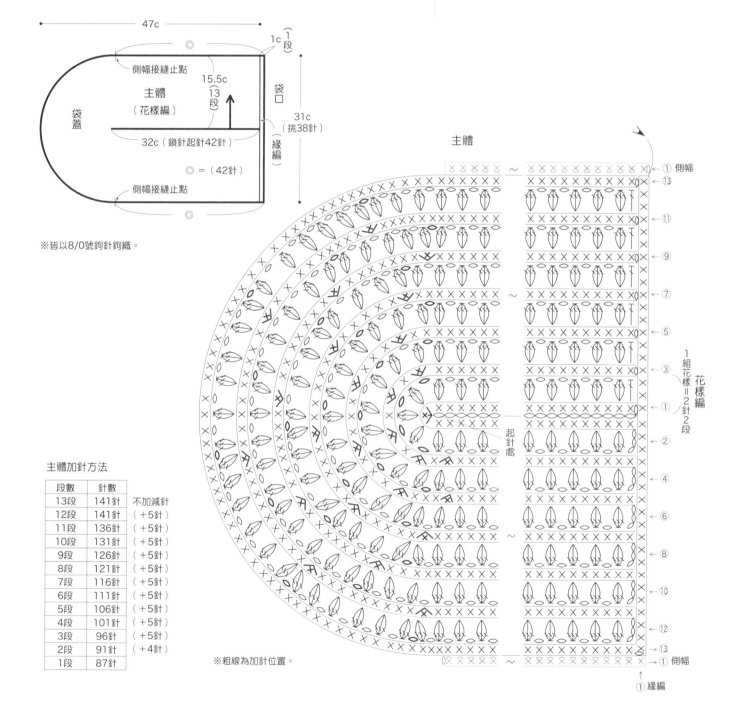

※皆以8/0號鉤針鉤織。

主體加針方法

段數	針數	
13段	141針	不加減針
12段	141針	（＋5針）
11段	136針	（＋5針）
10段	131針	（＋5針）
9段	126針	（＋5針）
8段	121針	（＋5針）
7段	116針	（＋5針）
6段	111針	（＋5針）
5段	106針	（＋5針）
4段	101針	（＋5針）
3段	96針	（＋5針）
2段	91針	（＋4針）
1段	87針	

※粗線為加針位置。

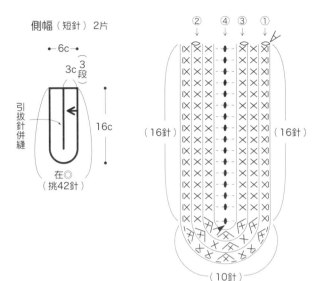

側幅

側幅（短針）2片

←6c→

3c 3段

引拔針併縫

16c

在◎
（挑42針）

② ④ ③ ①

（16針） （16針）

（10針）

X = 短針的筋編（挑外側1條線）

◆ = 一次引拔2針

花樣織片

6c
（10針）

4c 2段

（鎖針起針4針）

花樣織片

起針處 ②

①

飾繩
（繩編）

起針處
☆

100c（起針145針）

鈕環
（鎖針8針）

組合方式

2c

接縫磁釦

（背面）

9c

（正面）

接縫鈕釦

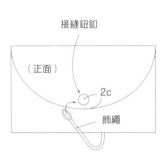

（正面）

2c

飾繩

將飾繩的繩環套在鈕釦上，
再捲繞主體固定。

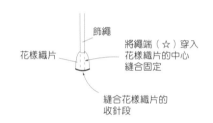

飾繩

花樣織片

將繩端（☆）穿入
花樣織片的中心
縫合固定

縫合花樣織片的
收針段

花樣織片的拼接方法（短針拼接時）

暫時取下鉤針，再重新穿入的織片拼接法。第2片以後的花樣織片，鉤至指定針目時，先暫時取下鉤針，在相鄰的拼接織片針目中入針，依箭頭指示鉤出原本的針目後，再繼續鉤織。

繩編織法

線端

1 預留鉤織完成長度的3倍線長。在第1針的鎖針前，將預留線段由內往外掛於鉤針上。

線端

2 鉤針掛線，一次引拔掛於鉤針上的線端與1個線圈。第2針之後也是以相同方式重複編織。

法式三色大型手拿包 ▸▸▸ P21

- **準備材料**

線材	Hamanaka Eco Andaria（40g／球） c#37（胭脂紅）10g … A線 c#168（原色）80g … B線 c#57（藏青色）10g … C線
針具	鉤針7/0號
其他	貝殼配飾（SF-3・45mm）1個　縫針 麂皮繩（PC-11・長60cm・米白）2條

- **密度**　短針・短針條紋　16針19段＝10cm平方
- **完成尺寸**　寬32cm　高24.5cm

- **織法**

皆取1條線鉤織。

1 以A線作鎖針起針50針，沿兩側織入102針短針，接合成環狀，依織圖一邊以A線、B線、C線配色，一邊不加減針鉤至第22段。

2 接著以B線鉤織24段，最後鉤織1段引拔針。鉤織完成後，以蒸汽熨斗熨燙，整理形狀。

3 拆分B線，以一股織線接縫貝殼配飾與麂皮繩於主體的指定位置。

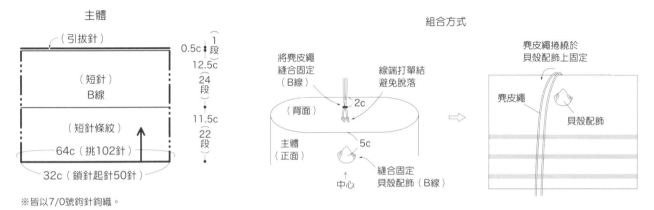

主體

（引拔針）

（短針）
B線

（短針條紋）

64c（挑102針）

32c（鎖針起針50針）

0.5c　1 段
12.5c　24 段
11.5c　22 段

※皆以7/0號鉤針鉤織。

組合方式

將麂皮繩
縫合固定
（B線）

線端打單結
避免脫落

2c

（背面）

主體
（正面）

5c

中心

縫合固定
貝殼配飾（B線）

麂皮繩捲繞於
貝殼配飾上固定

麂皮繩

貝殼配飾

主體

① 引拔針
← 24

← 5

← 1
← 22

← 10

← 5

← 1

1組花樣＝8段　短針條紋

起針處

配色　─＝A線　─＝B線　▬＝C線

波西米亞風手拿包 ▶▶▶ P23

- **準備材料**

線材	Hamanaka Comacoma（40g／球）
	c#8（橘色）120g … A線
	c#10（棕色）45g … B線
	c#1（白色）25g … C線
	Hamanaka Eco Andaria（40g／球）
	c#69（復古橘）10g … D線
針具	鉤針8/0號
其他	貝殼配飾（SF-3・45mm）1個

- **密度** 花樣編　14針14.5段＝10cm平方
- **完成尺寸** 寬27cm　高18cm

- **織法**

主體取1條線鉤織；飾繩則取2條C線鉤織。

1 主體以A線作鎖針起針37針，依織圖以短針的往復編進行，第6至20段織入花樣，鉤至26段後剪線。接著在鎖針起針的另一側挑針，以相同方式織入花樣，鉤織26段。
2 袋蓋是在主體的指定位置接A線，依織圖減針，鉤織11段。
3 將主體對摺，以A線併縫指定處。
4 準備150條13cm長的D線，每3條為1組，在主體的指定位置接上流蘇。
5 依織圖以C線鉤織飾繩，收針處繫於貝殼配飾的鈕腳上。

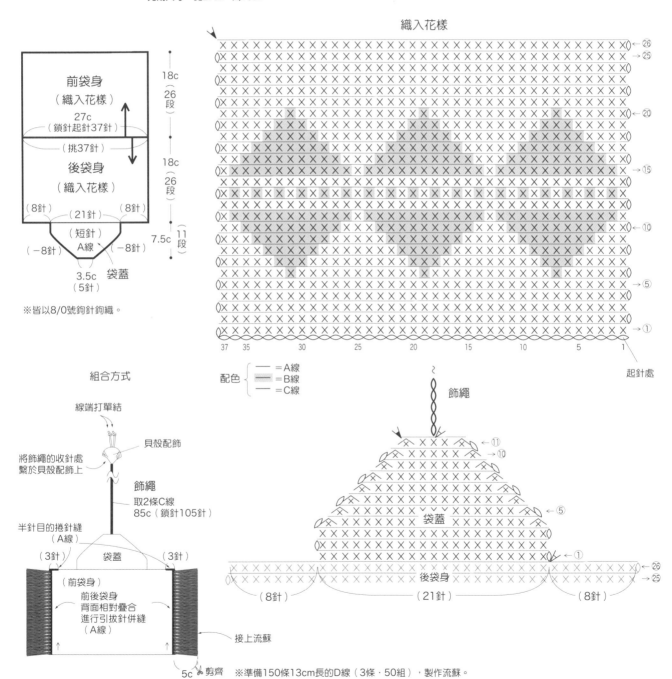

織入花樣

前袋身
（織入花樣）
27c
（鎖針起針37針）
（挑37針）
後袋身
（織入花樣）

18c
（26段）

18c
（26段）

（8針）（21針）（8針）
（短針）
A線
（−8針）（−8針）

7.5c
（11段）

3.5c
（5針）
袋蓋

※皆以8/0號鉤針鉤織。

配色 ⎰ ── ＝A線
　　 ⎱ ── ＝B線
　　　 ── ＝C線

起針處

組合方式

線端打單結

貝殼配飾

將飾繩的收針處
繫於貝殼配飾上

飾繩
取2條C線
85c（鎖針105針）

半針目的捲針縫
（A線）
（3針）　袋蓋　（3針）

（前袋身）
前後袋身
背面相對疊合
進行引拔針併縫
（A線）

接上流蘇

5c　剪齊　※準備150條13cm長的D線（3條・50組），製作流蘇。

飾繩

袋蓋

後袋身
（8針）　　（21針）　　（8針）

百褶織紋春色手拿包 ▶▶▶ P22

・準備材料

| 線材 | Hamanaka Eco Andaria《絣染》（40g／球）
c#225（粉紅色‧黃色段染）150g … A線
Hamanaka Eco Andaria（40g／球）
c#61（苔蘚綠）35g … B線 |
| 針具 | 鉤針5/0號‧鉤針7/0號 |

・密度　花樣編A　28針14段＝10cm平方
　　　　花樣編B　30針15段＝10cm平方
・完成尺寸　寬33cm　高24cm

・織法
皆取1條織線，以指定針號鉤織。
1 袋身以A線作鎖針起針64針，依織圖以花樣編A的往復編鉤織45段。以相同方式製作2片，疊合後以鎖針引拔進行併縫與綴縫，接縫兩側與袋底後，繼續鉤織緣編a。
2 依織圖以B線鉤織兩片半圓的袋蓋織片備用。第2片花樣織片完成半圓後，接續鉤織立起針，鉤織1段短針，再進行長針的往復編至第9段。接著鉤織緣編b，再以鎖針引拔併縫第1片半圓織片。
3 飾帶以A線作鎖針起針6針，依織圖以花樣編B的往復編鉤織35段，再織一圈緣編a。
4 於主體的指定位置接縫袋蓋與飾帶。

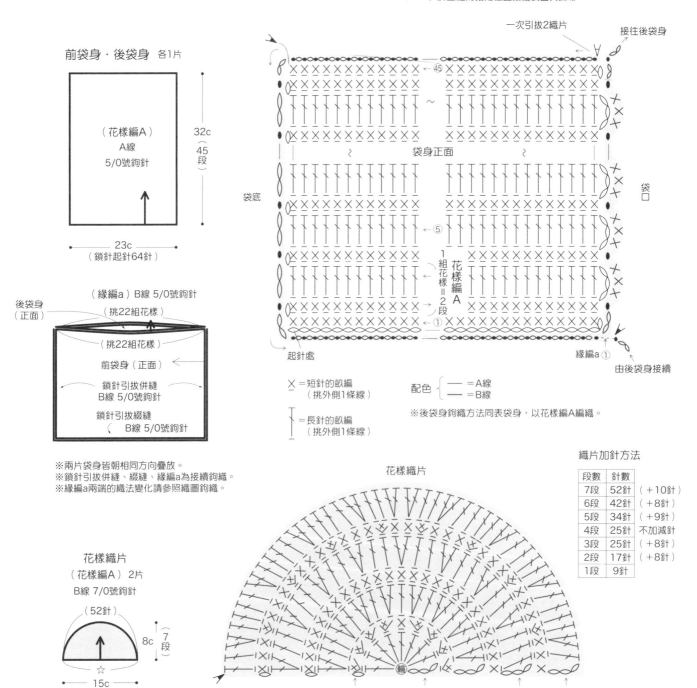

前袋身‧後袋身　各1片

（花樣編A）
A線
5/0號鉤針

32c
（45段）

23c
（鎖針起針64針）

後袋身（正面）

（緣編a）B線 5/0號鉤針
（挑22組花樣）
（挑22組花樣）
前袋身（正面）

鎖針引拔併縫
B線 5/0號鉤針

鎖針引拔綴縫
B線 5/0號鉤針

※兩片袋身皆朝相同方向疊放。
※鎖針引拔併縫、綴縫、緣編a為接續鉤織。
※緣編a兩端的織法變化請參照織圖鉤織。

花樣織片
（花樣編A）2片
B線 7/0號鉤針

（52針）

8c
（7段）

15c

一次引拔2織片
接往後袋身

袋身正面

袋底

袋口

1組花樣＝2段

花樣編A

起針處

緣編a①

由後袋身接續

X ＝短針的畝編
（挑外側1條線）

┃ ＝長針的畝編
（挑外側1條線）

配色 {　── ＝A線
　　　　── ＝B線

※後袋身鉤織方法同表袋身，以花樣編A編織。

花樣織片

織片加針方法

段數	針數	
7段	52針	（＋10針）
6段	42針	（＋8針）
5段	34針	（＋9針）
4段	25針	不加減針
3段	25針	（＋8針）
2段	17針	（＋8針）
1段	9針	

② ① ⑤ ⑦

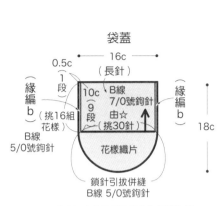

袋蓋

16c

0.5c
（長針）

（緣編b）
1段

10c　B線
7/0號鉤針
9段　由☆
（挑30針）

（挑16組花樣）

花樣織片

B線
5/0號鉤針

（緣編b）

18c

鎖針引拔併縫
B線 5/0號鉤針

※緣編b與鎖針引拔併縫為接續鉤織。
※鎖針引拔併縫是疊合兩花樣織片後一起鉤織。

飾帶

A線 5/0號鉤針

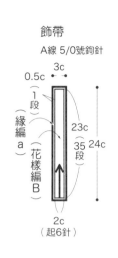

3c

0.5c
1段

（緣編a）

（花樣編B）

23c
35段

24c

2c
（起6針）

※緣編a的部分織法有異，
　請參照織圖鉤織。

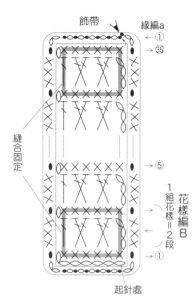

飾帶　　　　　緣編a
　　　　　　　←①
　　　　　　　→35

縫合固定

花樣編B
1組花樣＝2段

←⑤

←①

起針處

✕✕ ＝1針交叉長針

緣編b

①

袋蓋

←⑨

縫合固定

←⑤

←①

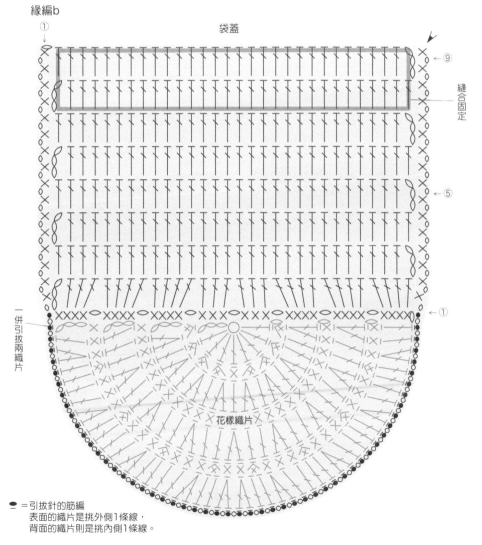

花樣織片

一併引拔兩織片

● ＝引拔針的筋編
表面的織片是挑外側1條線，
背面的織片則是挑內側1條線。

組合方式

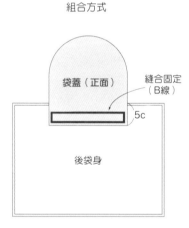

袋蓋（正面）

縫合固定
（B線）

5c

後袋身

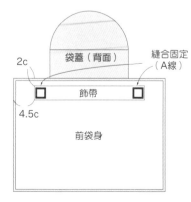

袋蓋（背面）

縫合固定
（A線）

2c

飾帶

4.5c

前袋身

花朵織片手拿包 ▶▶▶ P23

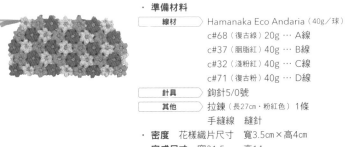

· **準備材料**

線材	Hamanaka Eco Andaria（40g／球）
	c#68（復古綠）20g … A線
	c#37（胭脂紅）40g … B線
	c#32（淺粉紅）40g … C線
	c#71（復古粉）40g … D線
針具	鉤針5/0號
其他	拉鍊（長27cm・粉紅色）1條
	手縫線　縫針

· **密度**　花樣織片尺寸　寬3.5cm×高4cm
· **完成尺寸**　寬31.5cm　高14cm

· **織法**
皆取1條線鉤織。
1 花樣織片為取A線作輪狀起針，織入6針短針後改換B線，鉤織第2段。以相同方式取A線起針鉤織第1段，再以指定色線鉤織第2段，依圖示拼接84片花樣織片，並縫合成袋狀。
2 在袋口內側縫合拉鍊，拉鍊頭穿入D線作成流蘇。

主體

（拼接花樣織片）

※皆以5/0號鉤針鉤織。
※花樣織片內的數字為鉤織順序。
※接縫相同的合印記號。

花樣織片的配色與數量

	第1段	第2段	數量
		B線	
	A線	C線	各28片（共84片）
		D線	

花樣織片

3.5c × 4c

花樣織片

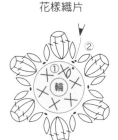

= 4長針的爆米花針

花樣織片拼接方法

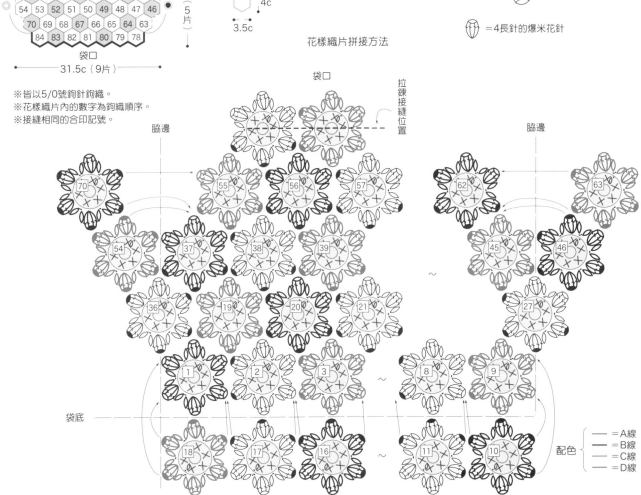

配色
— = A線
— = B線
— = C線
— = D線

組合方式

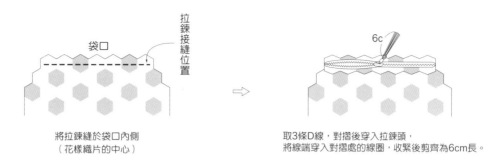

袋口

拉鍊接縫位置

6c

將拉鍊縫於袋口內側
（花樣織片的中心）

取3條D線，對摺後穿入拉鍊頭，
將線端穿入對摺處的線圈，收緊後剪齊為6cm長。

接續P.57

口袋

鈕釦位置　　　1.5c

（花樣編B）　（花樣編C）B線　5/0號鉤針　（花樣編B）

6.5c（20針）　12c（35針）　6.5c（20針）

24c（34段）

—— 25c（鎖針起針75針）——

※花樣編C第32至34段的織法有異
（請參照右圖）。

鈕釦位置　中心↓

←34
→31

花樣編B　　花樣編C　1組花樣＝2針2段　　花樣編B　1組花樣＝2針2段

→⑤
→①

（20針）　（35針）　（20針）

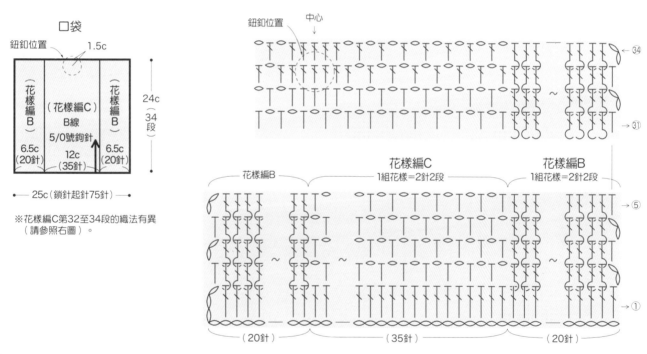

組合方式

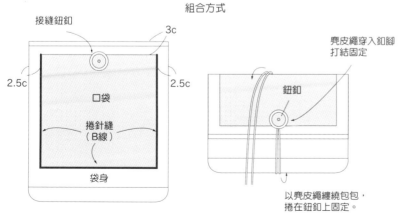

接縫鈕釦　　3c

2.5c　　　2.5c

口袋

捲針縫（B線）

袋身

麂皮繩穿入釦腳打結固定

鈕釦

以麂皮繩纏繞包包，捲在鈕釦上固定。

腰帶環釦復古手拿包 ▶▶▶ P24

・準備材料

| 線材 | Hamanaka Eco Andaria（40g／球）
c#23（駝色）120g … A線
c#30（黑色）10g … B線 |
| 針具 | 鉤針8/0號 |

・密度 短針 17.5針19段＝10cm平方
・完成尺寸 寬29cm 高17.5cm

・織法

皆取1條線鉤織。

1 主體以A線作鎖針起針50針，以往復編鉤織90段短針。接著在指定位置接A線，以短針的往復編鉤織8段。

2 側幅取A線作鎖針起針9針，以往復編鉤織33段短針。以相同方式製作2織片。

3 依織圖在指定位置接B線，主體與側幅對齊後，以短針鉤織緣編接合。

4 取B線作鎖針起針15針，鉤織飾帶，以短針的往復編鉤織3段，再以B線縫於主體的指定處。

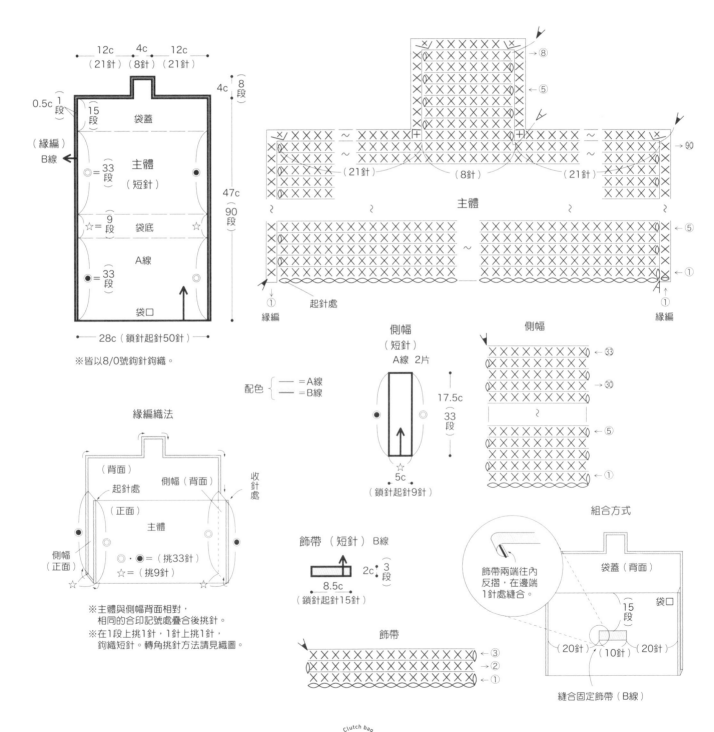

織片口袋對摺手拿包 ▶▶▶ P25

· 準備材料

線材	Hamanaka Comacoma（40g／球） c#13（灰色）290g … A線 Hamanaka 亞麻線《LINEN》（25g／球） c#11（土耳其藍）90g … B線
針具	鉤針8/0號・鉤針5/0號
其他	麂皮繩（PC-15・長160cm・灰色）1條

· 密度 短針　14針12段＝10cm平方
花樣編A　14針12.5段＝平方

· 完成尺寸 寬30cm　高30cm

· 織法

皆取1條織線，以指定針號鉤織。

1 主體取A線作鎖針起針34針，沿兩側織入70針短針，接合成環狀。依織圖加針，鉤至第4段，完成袋底。接續鉤織袋身，依織圖以往復編鉤織36段花樣編，並且在袋口鉤織2段緣編。

2 口袋是取B線作鎖針起針75針，依織圖以往復編鉤織34段花樣編，依圖示以B線捲針縫於主體。由於此包款是摺疊使用，因此接縫時也要稍微將口袋彎摺。

3 製作鈕釦。首先依織圖鉤織花樣織片，將2片組合後，接縫於口袋的指定處，麂皮繩穿入釦腳，打結固定。

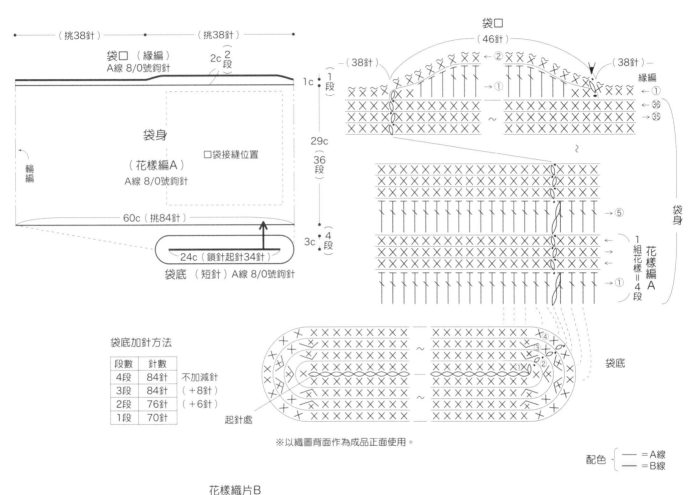

袋底加針方法

段數	針數	
4段	84針	不加減針
3段	84針	（＋8針）
2段	76針	（＋6針）
1段	70針	

※以織圖背面作為成品正面使用。

配色 ── ＝A線
── ＝B線

花樣織片A
A線 8/0號鉤針

花樣織片B
B線 5/0號鉤針

鈕釦作法

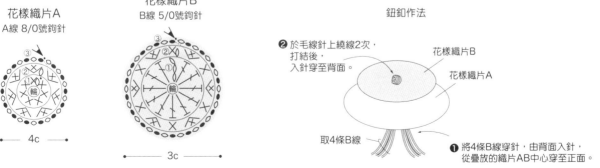

❷ 於毛線針上繞線2次，
打結後，
入針穿至背面。

花樣織片B
花樣織片A

取4條B線

❶ 將4條B線穿針，由背面入針，
從疊放的織片AB中心穿至正面。

接續P.55

撞色麻花手拿包 ▶▶▶ P26

· 準備材料

線材	Hamanaka Comacoma（40g／球） c#16（鈷藍色）110g … A線 c#1（白色）40g … B線
針具	2枝棒針8號
其他	海星配飾（SF-2S・55mm）1個 麂皮繩（PC-15・長130cm・灰色）1條

· 密度　花樣編　18針21段＝10cm平方
· 完成尺寸　寬25cm　高17.5cm

· 織法
皆取1條線鉤織。
1 取A線以手指掛線起針法起46針，依織圖編織花樣編至第74段。
2 改換B線，以相同方式編織花樣編至第99段，最終段進行套收針。
3 以袋底為準摺疊主體，合印記號處以A線挑針綴縫，作成袋狀。
4 依圖示在主體的指定處接縫海星配飾與麂皮繩。

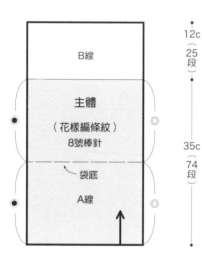

B線

主體

（花樣編條紋）
8號棒針

袋底

A線

12c
（25段）

35c
（74段）

25c（起針46針）

◎・◉ ＝ 37段

組合方式

挑針綴縫
（A線）

麂皮繩穿入海星配飾
釦腳打結固定，再穿
進主體針目。

麂皮繩捲繞包身後，
再纏於海星配飾上固定。

主體

依前段針目下針織下針，上針織上針。

套收針

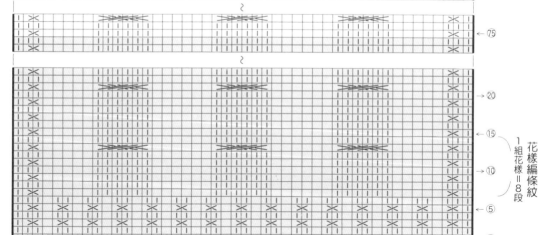

99
95
90
75
20
15
10
5
1

1組花樣＝8段

花樣編條紋

4645　40　35　30　25　20　15　10　5　1

□ ＝ ─ 上針　　配色 { □ ＝A線　　□ ＝B線 }　　● ＝麂皮繩穿線處

格紋手拿扁包 ▸▸▸ P27

・準備材料

線材	Hamanaka Eco Andaria（40g／球） c#68（復古綠）80g … A線 c#172（金棕色）40g … B線
針具	鉤針6/0號
其他	拉鍊（長30cm・棕色）1條　縫針 厚紙板（7×5cm）1片　手縫線　繡線

・密度　短針　18.5針20段＝10cm平方
　　　　織入花樣　18.5針13段＝10cm平方

・完成尺寸　寬30cm　高15cm

・織法

皆取1條線鉤織。

1 以A線作鎖針起針48針，沿兩側織入100針短針後，接合成環狀。依織圖加針，鉤至第4段，完成袋底。

2 接續鉤織袋身，依織圖鉤織短針的筋編，一邊以A線、B線配色，一邊鉤織15段。接著以A線鉤織1段短針的筋編，再以短針鉤織5段，最後依織圖鉤織緣編。

3 在袋口內側接縫拉鍊。

4 依圖示製作流蘇，繫於拉鍊頭。

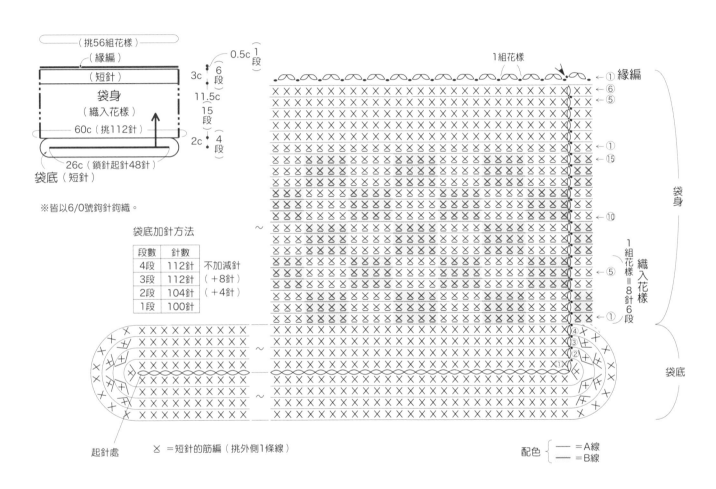

段數	針數	
4段	112針	不加減針
3段	112針	（＋8針）
2段	104針	（＋4針）
1段	100針	

袋底加針方法

※皆以6/0號鉤針鉤織。

起針處　　╳ ＝短針的筋編（挑外側1條線）

配色 ─ ＝A線
　　　 ─ ＝B線

流蘇作法

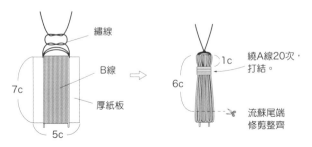

在7×5cm的厚紙板上繞B線20次，
頂端如圖示穿入繡線後打結，抽出厚紙板。

組合方式

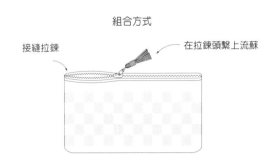

接縫拉鍊　　　在拉鍊頭繫上流蘇

蝴蝶結手拿包 ▶▶▶ P28

・準備材料

線材	Hamanaka Eco Andaria《Crochet》（30g／球）
	c#804（棕色）55g … A線
	c#801（原色）30g … B線
針具	鉤針3/0號
其他	手縫型磁釦（直徑14mm）1組
	手縫線　縫針

・密度　花樣編A　30針24段＝10cm平方
　　　　花樣編B　29針13.5段＝10cm平方
・完成尺寸　寬32cm　高14cm

・織法
皆取1條線鉤織。
1 從主體中央開始鉤織，取A線作鎖針起針24針，以往復編的
　花樣編A鉤織96段。
2 如圖示在步驟1的織段上挑128針，一邊以A線、B線進行配
　色，一邊以往復編的花樣編B加針，鉤織15段。接著在指定
　的合印記號處，以A線鉤織短針的筋編，併縫成袋狀。另一
　側也以相同方式鉤織。
3 在主體的指定位置接縫磁釦。

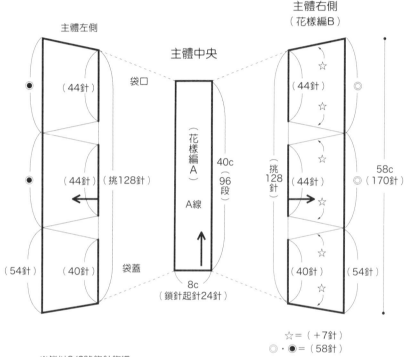

☆＝（＋7針）
◎・●＝（58針）

※皆以3/0號鉤針鉤織。
※花樣編B的最終段，是將相同的合印記號疊合（◎・●）一併鉤織。
※主體左側與主體右側為對稱編織。

花樣編B

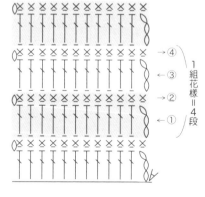

主體中央

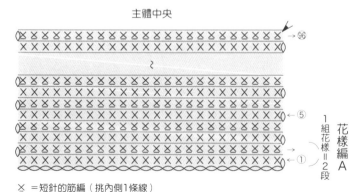

✕ ＝短針的筋編（挑內側1條線）

配色 { ＝A線　　＝B線 }

✕ ＝短針的筋編（挑內側1條線）

┃ ＝長針的筋編（挑外側1條線）

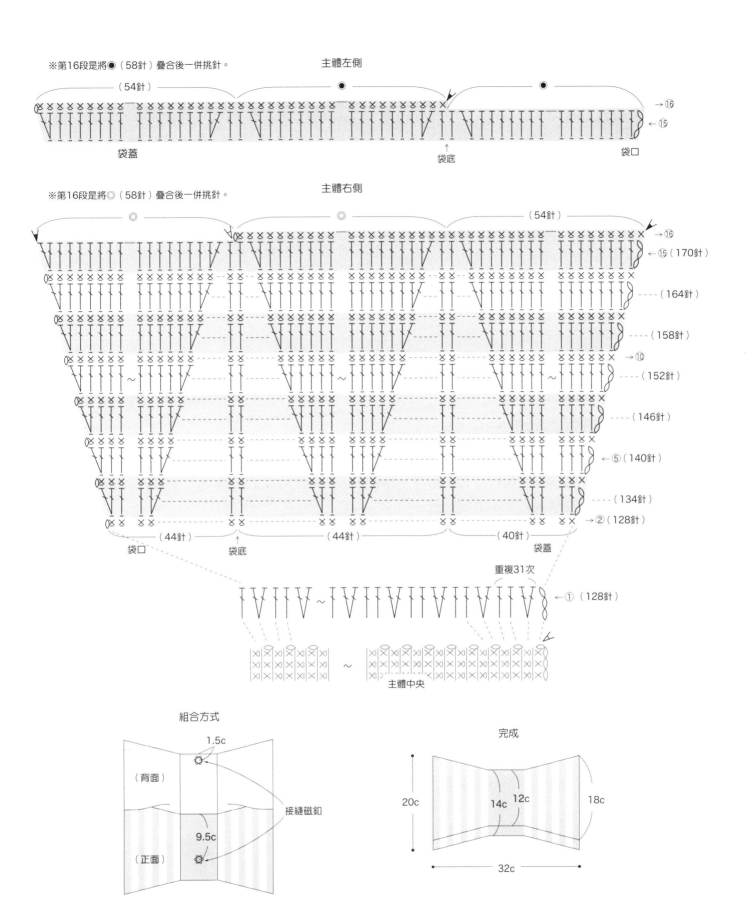

※第16段是將●（58針）疊合後一併挑針。　　　　　主體左側

（54針）

袋蓋　　　　　　　　　　　　　　　　　　　　袋底　　　　　　　　　袋口

→⑯
←⑮

※第16段是將◎（58針）疊合後一併挑針。　　　　　主體右側

（54針）

→⑯
←⑮（170針）
（164針）
（158針）
→⑩
（152針）
（146針）
←⑤（140針）
（134針）
→②（128針）

（44針）　　　　　　（44針）　　　　　　　（40針）
袋口　　　　　袋底　　　　　　　　　　　　　　　袋蓋

重複31次
←①（128針）

主體中央

組合方式

1.5c
（背面）
接縫磁釦
（正面）
9.5c

完成

20c
14c　12c
18c

32c

大人風條紋手拿包 ▶▶▶ P29

· 準備材料

線材	Hamanaka Comacoma（40g／球）
	c#3（黃色）95g … A線
	c#13（灰色）150g … B線
針具	鉤針8/0號
其他	手縫型磁釦（直徑14mm）1組
	手縫線　縫針

· 密度　短針 13.5針16段＝10cm平方

· 完成尺寸　寬31cm　高19cm

· 織法

皆取1條線鉤織。

1 以A線作鎖針起針40針，沿兩側織入82針短針後，接合成環狀。依織圖以A線、B線進行配色，鉤至第30段。

2 接續以B線鉤織袋蓋，依織圖以短針的往復編進行減針，鉤織31段後，在織圖的指定位置接A線，以短針鉤織1段袋蓋的緣編。

3 在主體的指定位置接縫磁釦。

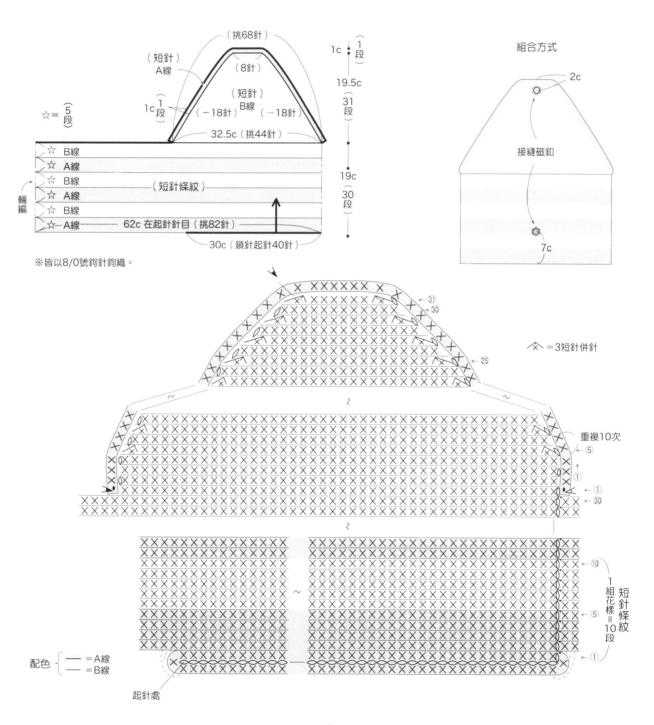

※皆以8/0號鉤針鉤織。

配色 { ── ＝A線　── ＝B線 }

波浪花紋兩用手拿提包 ▶▶▶ P30

· 準備材料

> **線材** ⟩ Hamanaka Eco Andaria（40g／球）
> c#30（黑色）55g … A線
> c#59（卡其色）50g … B線
> Hamanaka Comacoma（40g／球）
> c#12（黑色）80g … C線

> **針具** ⟩ 鉤針5/0號·鉤針8/0號

· 密度 花樣編A　21針12.5段＝10cm平方
花樣編B　12針14段＝10cm平方

· 完成尺寸 寬27cm　高32cm

· 織法
皆取1條織線，以指定針號鉤織。

1 袋身取A線作鎖針起針56針，依織圖一邊以A線、B線進行配色，一邊以往復編的花樣編A鉤織48段。

2 袋身正面相對沿袋底疊合，指定合印記號處以捲針縫縫合。
提把是以C線在袋身挑64針，進行花樣編B的往復編，在第

3 11至第13段製作2處提把開口，鉤至17段，最後再鉤織1段引拔針。

4 在織圖的指定位置接C線，沿提把開口內側鉤織1段引拔針的緣編。另一側也以相同方式鉤織。

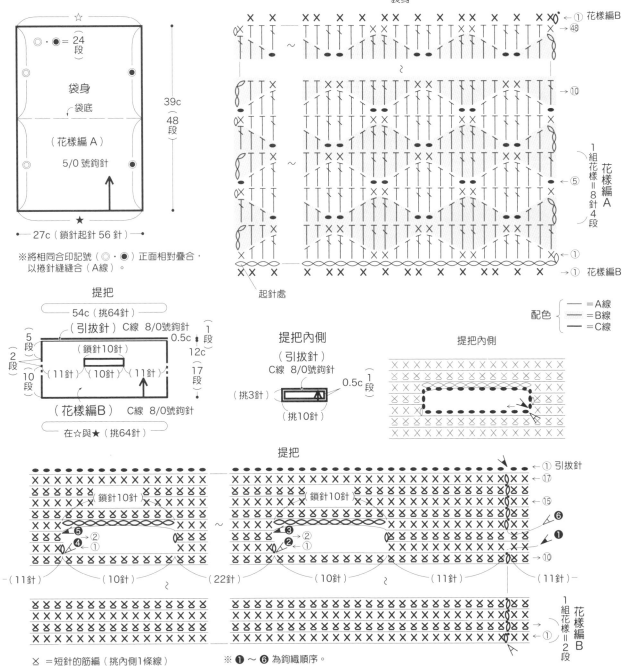

※將相同合印記號（◎·●）正面相對疊合，
以捲針縫縫合（A線）。

× ＝短針的筋編（挑內側1條線）　　　※ ❶～❻ 為鉤織順序。

變形笹編兩用手拿提包 ▶▶▶ P31

· **準備材料**

線材	Hamanaka Comacoma（40g／球） c#10（棕色）200g … A線 c#2（駝色）115g … B線
針具	鉤針8/0號

· **密度** 花樣編　14.5針10段＝10cm平方
　　　　短針　14.5針16.5段＝10cm平方

· **完成尺寸** 寬29cm　高29.5cm

· **織法**

皆取1條線鉤織。

1 以A線作鎖針起針39針，以往復編鉤織5段短針，完成袋底。

2 依織圖在指定位置接A線，沿袋底針目與織段挑針，依織圖以往復編的花樣編鉤織18段的袋身。

3 改換B線鉤織短針，在第11至第13段製作2處提把開口，鉤至18段，最後再以引拔針鉤織1段。

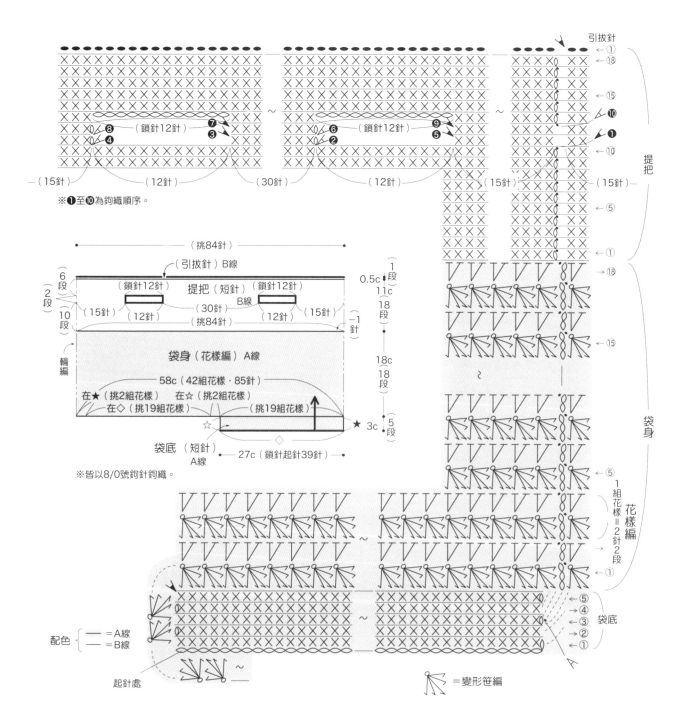

※❶至❿為鉤織順序。

（挑84針）

（引拔針）B線

提把（短針）

（鎖針12針）　B線　（鎖針12針）

（15針）（12針）　（30針）　（12針）（15針）

（挑84針）

袋身（花樣編）A線

58c（42組花樣・85針）

在★（挑2組花樣）　在☆（挑2組花樣）

在◇（挑19組花樣）　（挑19組花樣）

輪編

6段
2段
10段

袋底（短針）A線

27c（鎖針起針39針）

☆　◇　★　3c

1段
0.5c
11c
18段

18c
18段

5段

※皆以8/0號鉤針鉤織。

引拔針

①18⑮⑩❶⑩⑤①

①18⑮①⑤①

提把

袋身

1組花樣＝2針2段

花樣編

④③②①

袋底

A

⑧（鎖針12針）⑦③❹

⑥（鎖針12針）⑨⑤❷

（15針）（12針）（30針）（12針）（15針）

配色 {
= A線
= B線
}

起針處

= 變形笹編

漸層兩用手拿提包 ▶▶▶ P31

· 準備材料
| 線材 | Hamanaka Eco Andaria |

《絣染》（40g／球）
c#233（粉紅色系的段染線）160g

| 針具 | 鉤針6/0號 |

· 密度　短針　17.5針19段＝10cm平方
　　　　花樣編　17.5針11.5段＝10cm平方
· 完成尺寸　寬27.5cm　高29cm

· 織法
皆取1條線鉤織。
1 鎖針起針42針，沿兩側織入88針短針後，接合成環狀。依織圖加針鉤至第3段，完成袋底。
2 接續鉤織袋身，先以長針鉤織1段，再依織圖以往復編的花樣編鉤至第17段，再鉤織20段短針後，剪線。
3 整理袋形，以實品為準在脇邊接線，鉤織1段短針，並且分別於兩處織入20針鎖針作為提把開口的基底。接著鉤織6段短針，最後再鉤織1段引拔針。

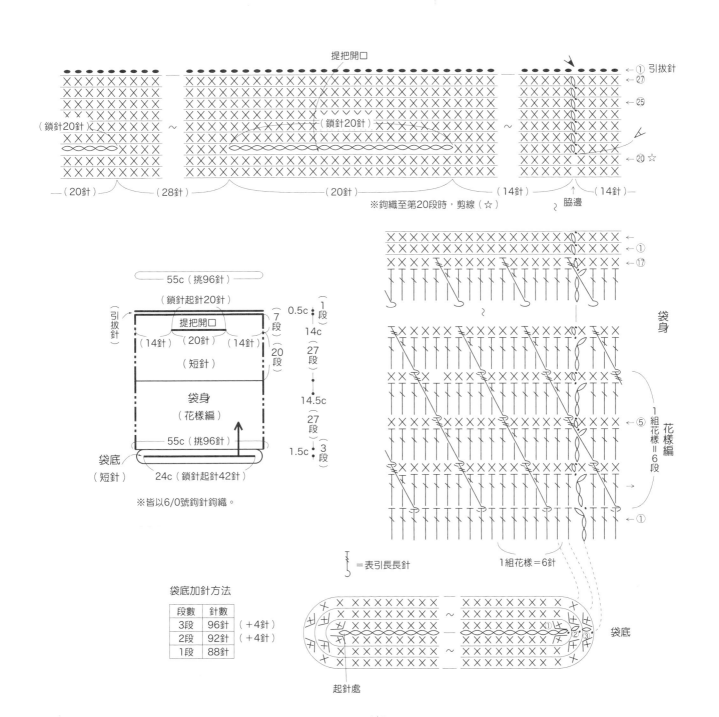

三角掀蓋雙色手拿包 ▸▸▸ P29

- **準備材料**

線材	Hamanaka Comacoma（40g／球）
	c#6（紫色）160g … A線
	c#2（駝色）80g … B線
針具	鉤針8/0號
其他	海星配飾（SF-1S・35mm）1個
	手縫型磁釦（直徑14mm）1組
	手縫線　縫針

- **密度**　短針　13針15段＝10cm平方
　　　　花樣編　13針16段＝10cm平方
- **完成尺寸**　寬31cm　高17cm

- **織法**

皆取1條線鉤織。

1　主體以A線作鎖針起針15針，沿兩側織入32針短針後，接合成環狀。依織圖加針，鉤至第26段。

2　依織圖在主體的指定位置接B線鉤織袋蓋，以往復編的花樣編進行減針，鉤至20段後，沿袋蓋邊緣鉤織緣編的短針。

3　於主體的指定位置接縫海星配飾與磁釦。

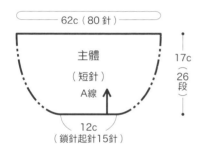

62c（80針）

主體

（短針）

A線

17c
（26段）

12c
（鎖針起針15針）

※皆以8/0號鉤針鉤織。

主體加針方法

段數	針數	
15～26段	80針	不加減針
14段	80針	（＋8針）
12～13段	72針	不加減針
11段	72針	（＋8針）
9～10段	64針	不加減針
8段	64針	（＋8針）
6～7段	56針	不加減針
5段	56針	（＋8針）
4段	48針	（＋8針）
3段	40針	不加減針
2段	40針	（＋8針）
1段	32針	

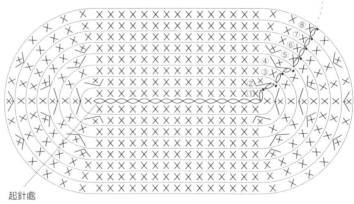

主體

←㉖

←⑮　----（80針）

----（72針）

←⑩　----（64針）

重複8次

起針處

ꭗ＝3短針加針

配色 ｛ ── ＝A線
　　　── ＝B線

Clutch bag

66

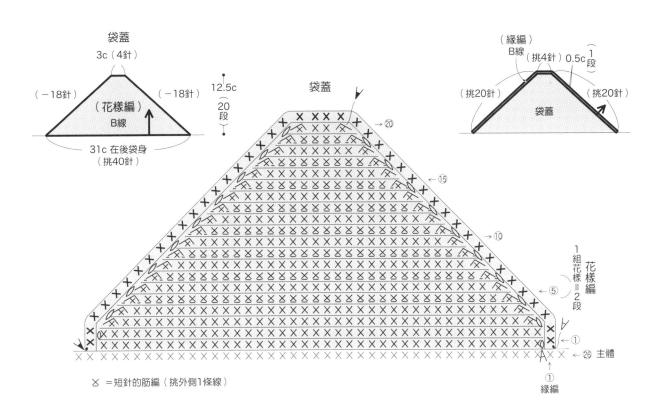

袋蓋
3c（4針）
（−18針）　（−18針）
（花樣編）
B線
31c 在後袋身
（挑40針）

12.5c
（20段）

袋蓋

（緣編）
B線
（挑4針）0.5c（1段）
（挑20針）　（挑20針）
袋蓋

→⑳

←⑮

←⑩

1組花樣編＝2段
花樣編

←⑤

←①

←㉖ 主體

①
緣編

╳ ＝短針的筋編（挑外側1條線）

組合方式

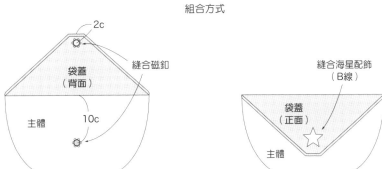

2c

袋蓋
（背面）
縫合磁釦

主體

10c

縫合海星配飾
（B線）

袋蓋
（正面）

主體

接續P.68

組合方式

在袋口一側
組裝流蘇
修剪整齊
6c
1c
在內側縫合拉鍊

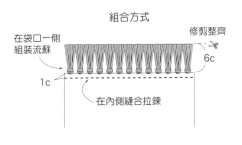

※準備78條25cm的C線（6條．13組），
製作流蘇。

完成

19c

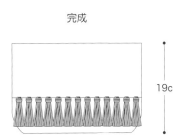

流蘇作法

準備必要數量的指定織線，固定於織片
上的方法。

鉤針穿入指定位置，如圖示鉤出對摺成
束的織線，將線端穿入成束的線圈中，
拉緊固定。

兩用手拿流蘇包 ▶▶▶ P32

· 準備材料

線材	Hamanaka Comacoma（40g／球）
	c#12（黑色）110g … A線
	c#1（白色）35g … B線
	Hamanaka Eco Andaria（40g／球）
	c#30（黑色）50g … C線
	c#168（原色）20g … D線
針具	鉤針6/0號・鉤針8/0號
其他	拉鍊（長27cm・黑色）1條
	手縫線　縫針

· 密度　花樣編（A線・B線）　14針15段＝10cm平方
　　　　花樣編（C線・D線）　20針19段＝10cm平方

· 完成尺寸　寬28cm　高31cm（使用高度為19cm）

· 織法
皆取1條織線，以指定針號鉤織。
1 以A線作鎖針起針80針，頭尾連接成環，開始鉤織下袋身。
　依織圖以A線、B線配色，以花樣編的往復鉤至第22段，接
　著進行減針，鉤至第29段。最終段以A線作捲針縫，接縫成
　袋狀。
2 以C線在下袋身的起針針目挑112針，開始鉤織上袋身，依織
　圖以C線、D線配色，鉤織22段花樣編的往復編，最後再以
　引拔針鉤織1段。
3 在袋口內側縫合固定拉鍊。
4 準備78條長25cm的C線，每6條為1組，在袋口製作流蘇。

下袋身

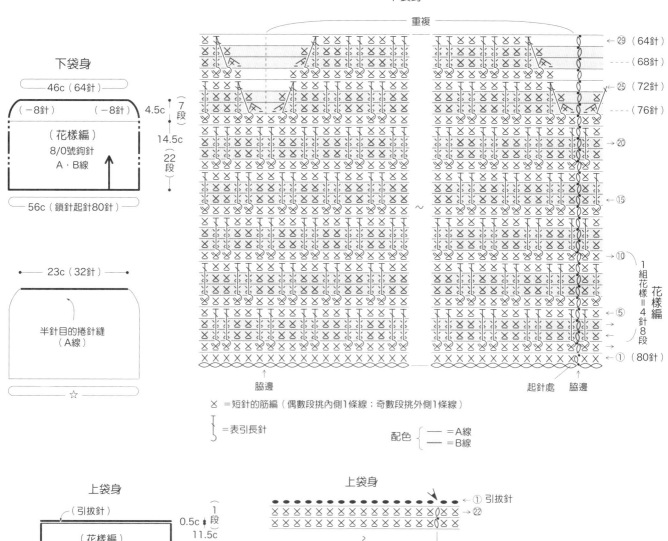

下袋身

46c（64針）

（−8針）　　（−8針）　　4.5c｜7段

（花樣編）
8/0號鉤針
A・B線　　14.5c｜22段

56c（鎖針起針80針）

23c（32針）

半針目的捲針縫
（A線）

☆

✕ =短針的筋編（偶數段挑內側1條線；奇數段挑外側1條線）

⌡ =表引長針

配色 { — ＝A線　— ＝B線 }

上袋身

（引拔針）

（花樣編）　0.5c｜1段
6/0號鉤針　11.5c｜22段
C・D線

在☆（挑112針）

上袋身

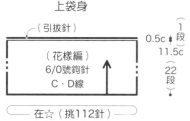

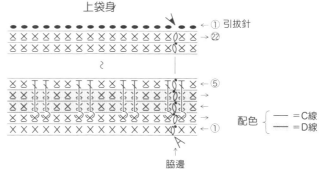

配色 { — ＝C線　— ＝D線 }

接續P.67

兩用環編口金包 ▶▶▶ P34

· 準備材料

線材	Hamanaka Comacoma（40g／球）c#12（黑色）185g
針具	鉤針8/0號
其他	Hamanaka 袋用口金（H207-010）1個 雙頭活動鉤鍊條（長40cm · 古銅）1條

· 密度　短針 · 花樣編　13.5針14段＝10cm平方
· 完成尺寸　寬25cm　高18cm

· 織法
皆取1條線鉤織。

1 鎖針起針25針，沿兩側織入短針與鎖針共60針後，接合成環狀。依織圖以輪編的往復編進行加針，鉤至第3段，完成袋底。接續鉤織袋身，以花樣編的往復編鉤織15段，至此，織線暫休針。

2 依織圖在指定位置接線，鉤織袋身上方，依織圖以花樣編的往復編進行減針，鉤織8段。另一側也以相同方式鉤織。

3 以步驟1休針的織線，沿袋身上方鉤織短針的緣編。

4 縫合袋口與袋用口金，裝上雙頭活動鉤鍊條。

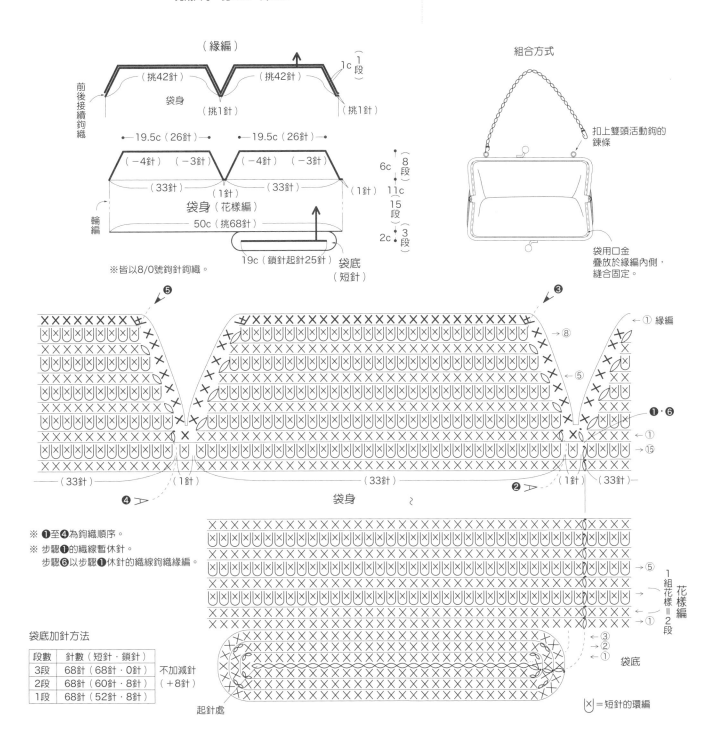

組合方式

扣上雙頭活動鉤的鍊條

袋用口金疊放於緣編內側，縫合固定。

※皆以8/0號鉤針鉤織。

※ ❶至❹為鉤織順序。
※ 步驟❶的織線暫休針。
　　步驟❻以步驟❶休針的織線鉤織緣編。

袋底加針方法

段數	針數（短針 · 鎖針）	
3段	68針（68針 · 0針）	不加減針
2段	68針（60針 · 8針）	（＋8針）
1段	68針（52針 · 8針）	

起針處

⊠＝短針的環編

拼接織片兩用手拿包 ▶▶▶ P35

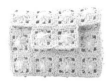

・ **準備材料**

線材	Hamanaka Eco Andaria（40g／球） c#168（原色）90g
針具	鉤針5/0號
其他	珍珠（圓形・7mm・白色）40顆 D形環（1.8×15×10.5mm・金色）2個 旋轉鉤（金色）2個 珍珠鍊條（長115cm）1條 鉤釦（白色）1組　手縫線　縫針 扁嘴鉗

・ **密度**　花樣織片尺寸　5×5cm
・ **完成尺寸**　寬20cm　高15cm

・ **織法**
皆取1條線鉤織。
1 製作主體。首先，依織圖鉤織2段的花樣織片。收針處的引拔改以毛線針進行「鎖針接縫」（參照P.10），準備40片相同的花樣織片，依圖示以半針目的捲針縫拼接花樣織片，並使用蒸汽熨斗熨燙，整理形狀。
2 分別在每一片織片中心縫上一顆珍珠，接著以半針目的捲針縫拼接側幅與前後袋身。
3 在前袋身與袋蓋背面縫合鉤釦，組裝D型環於側幅處。
4 在珍珠鍊條的兩端裝上旋轉鉤，再扣於D型環上即可。

主體
（拼接花樣織片）40片

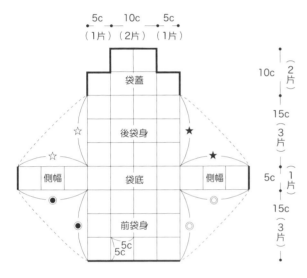

※皆以5/0號鉤針鉤織。
※所有花樣織片皆以半針目的捲針縫拼接。
※接縫相同的合印記號處。

花樣織片

※在中心縫合一顆珍珠。

組合方式

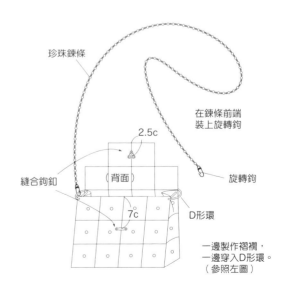

D型環穿入位置

半圓立體花樣手拿兩用包 ▶▶▶ P33

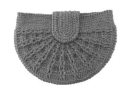

・準備材料

線材	Hamanaka Comacoma（40g／球） c#15（可可亞棕）185g
針具	鉤針8/0號
其他	手縫型磁釦（直徑14mm）1組 雙頭活動鉤鍊條 （長120cm・古銅色）1條　手縫線 D形環（10mm・古銅色）2個　縫針

・密度　短針的筋編　14針14段＝10cm平方
　　　　花樣織片尺寸　寬30cm　高15cm
・完成尺寸　寬30cm　高20cm

・織法
皆取1條線鉤織。

1 花樣織片為輪狀起針，依織圖在輪中織入必要針數，以花樣編的往復編進行加針，鉤至第10段。製作2片相同的織片，疊合後在指定位置鉤引拔針，接縫成袋狀。
2 接著在花樣織片上挑84針，鉤織6段袋口。完成後，織線暫休針。
3 依織圖鉤織袋蓋。
4 依圖示指定位置疊合袋蓋與袋口，以步驟2休針的織線一併引拔，並繼續鉤織一圈。
5 於織圖的指定處接縫磁釦，D型環固定於袋口脇邊的背面，裝上雙頭活動鉤鍊條。

袋蓋

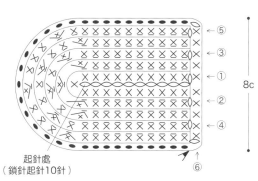

起針處
（鎖針起針10針）

✕ ＝短針的筋編
（偶數段挑內側1條線；奇數段挑外側1條線）

花樣織片

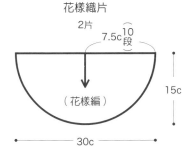

花樣織片　2片

7.5c　10段

（花樣編）

15c

30c

※皆以8/0號鉤針鉤織。

花樣織片加針方法

段數	針數	
10段	64針	不加減針
9段	64針	不加減針
8段	64針	（＋10針）
7段	54針	不加減針
6段	54針	（＋10針）
5段	44針	（＋11針）
4段	33針	（＋10針）
3段	23針	不加減針
2段	23針	依圖變化
1段	20針	依圖變化

花樣織片

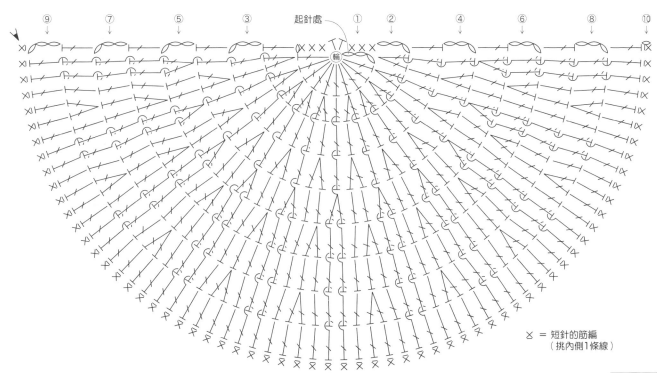

✕ ＝ 短針的筋編
（挑內側1條線）

接續P.73

方形兩用托特包 ▶▶▶ P36

· 準備材料

線材	Hamanaka Eco Andaria（40g／球）c#58（灰色）130g
針具	鉤針7/0號
其他	雙頭金屬鉤肩背帶（長120cm·寬1.5cm·棕色）1條

· 密度 短針 15.5針18段＝10cm平方

· 完成尺寸 寬37.5cm 高23.5cm

· 織法

皆取1條線鉤織。

1 鎖針起針40針，以短針的往復編鉤織18段，完成袋底。接著在袋底的針目與織段挑針，鉤織38段袋身後暫休針。

2 依織圖在2處指定位置接線，鉤織作為提把基底的36針鎖針。

3 在鎖針的指定位置接線，沿提把內側鉤織2段短針，跳過中央的18針，鉤織引拔針。

4 使用步驟1暫休針的織線，依織圖沿提把外側鉤織2段短針與1段引拔針。將提把內、外側中央的18針對齊，鉤織此部分的引拔針。

5 依織圖鉤織2處吊耳，並扣上安裝雙頭金屬鉤肩背帶。

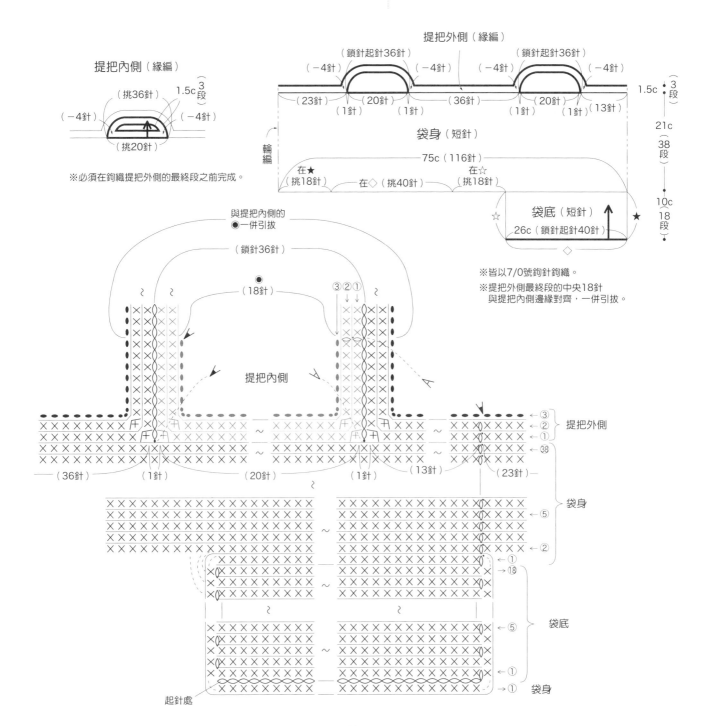

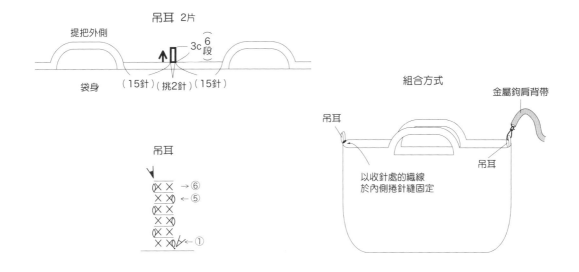

吊耳 2片

提把外側

3c / 6段

袋身　（15針）（挑2針）（15針）

吊耳

→⑥
←⑤
→④
←③
→②
×　×⟋ ←①

組合方式

金屬鉤肩背帶

吊耳

以收針處的織線
於內側捲針縫固定

吊耳

接續P.71

組合方式

袋口

60c（挑84針）

（緣編）

5c / 7段

花樣織片

分別在兩花樣織片上挑針，
鉤織引拔針接合。

2c

袋蓋
（背面）

接縫磁釦

（正面）

7c

雙頭活動鉤鍊條

1段

袋口（背面）

接縫D型環
（須避免縫到正面）

（2針）

脇邊

袋口

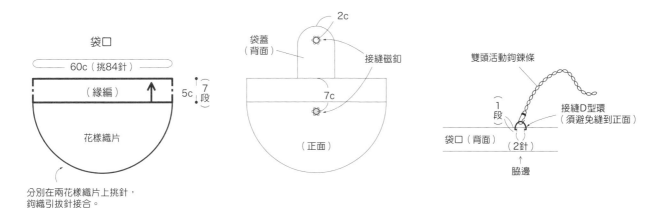

◎=（10針）

→⑦
←⑤
→③
←①

花樣織片

× = 短針的筋編（挑外側1條線）
※ ◎的引拔針是疊合上袋蓋最終段的短針後，一併引拔鉤織（僅後袋身）。

Clutch bag

迷你兩用馬爾歇包 ▶▶▶ P37

· 準備材料

線材	Hamanaka Eco Andaria（40g／球） c#42（麥稈色）75g … A線 c#17（綠色）15g … B線
針具	鉤針6/0號
其他	D形環（10mm・古銅色）2個 雙頭活動鉤肩背帶 （長120cm・寬2cm・駝色系）1條

· 密度 花樣編 19針13.5段＝10cm平方
短針 19針20段＝10cm平方

· 完成尺寸 寬27.5cm 高19.5cm

· 織法
皆取1條線鉤織。
1 以A線作鎖針起針21針，沿兩側織入46針短針後，接合成環狀。依織圖加針，以花樣編鉤織至袋身的第24段。
2 改換B線，鉤織提把的3段短針。第4段在兩處鉤織作為提把基底的30針鎖針，再以短針鉤至第7段。
3 在袋口脇邊的背面接縫D型環，安裝雙頭活動鉤肩背帶。

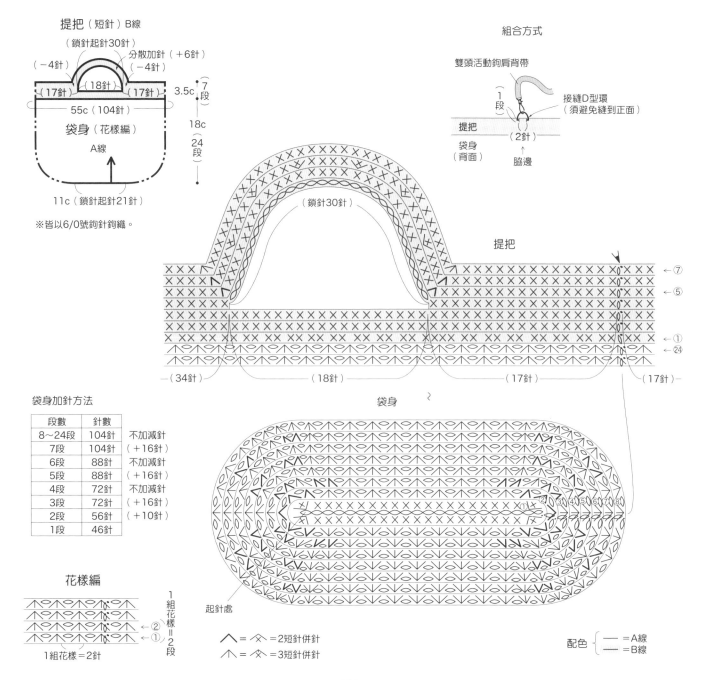

提把（短針）B線

（鎖針起針30針）
分散加針（＋6針）
（－4針） （－4針）
（17針） （18針） （17針） 3.5c ⟩7段
55c（104針）
18c ⟩24段
袋身（花樣編）
A線
11c（鎖針起針21針）

※皆以6/0號鉤針鉤織。

組合方式

雙頭活動鉤肩背帶
接縫D型環（須避免縫到正面）
1段
提把
袋身（背面） （2針） 脇邊

提把
（鎖針30針）

| ←⑦ |
| ←⑤ |
| ←① |
| ←㉔ |

（34針） （18針） （17針） （17針）

袋身

袋身加針方法

段數	針數	
8～24段	104針	不加減針
7段	104針	（＋16針）
6段	88針	不加減針
5段	88針	（＋16針）
4段	72針	不加減針
3段	72針	（＋16針）
2段	56針	（＋10針）
1段	46針	

起針處

花樣編

1組花樣＝2段
②
①
1組花樣＝2針

∧ = ⋏ = 2短針併針
∧ = ⋏ = 3短針併針

配色 { ── ＝A線
‐‐‐ ＝B線

迴轉式提把兩用包 ▶▶▶ P40

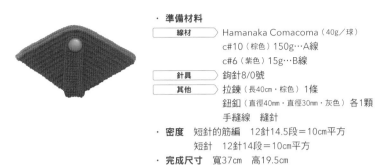

・準備材料

線材	Hamanaka Comacoma（40g／球）
	c#10（棕色）150g…A線
	c#6（紫色）15g…B線
針具	鉤針8/0號
其他	拉鍊（長40cm・棕色）1條
	鈕釦（直徑40mm・直徑30mm・灰色）各1顆
	手縫線　縫針

・密度　短針的筋編　12針14.5段＝10cm平方
　　　　短針　12針14段＝10cm平方
・完成尺寸　寬37cm　高19.5cm

・**織法**
皆取1條線鉤織。

1 主體以A線作輪狀起針，織入8針短針，依織圖以往復編的短針筋編進行加針，鉤至第26段；接著改換B線，不加減針鉤織2段。

2 在袋口內側縫合拉鍊。

3 鉤織提把，取A線作鎖針起針3針，依織圖在第2段加針、第45段減針，以短針鉤織46段後，再沿提把邊緣鉤織1段短針。

4 參照圖示將提把與鈕釦接縫於主體。此時建議對稱穿入提把的針目，以利提把靈活轉動。

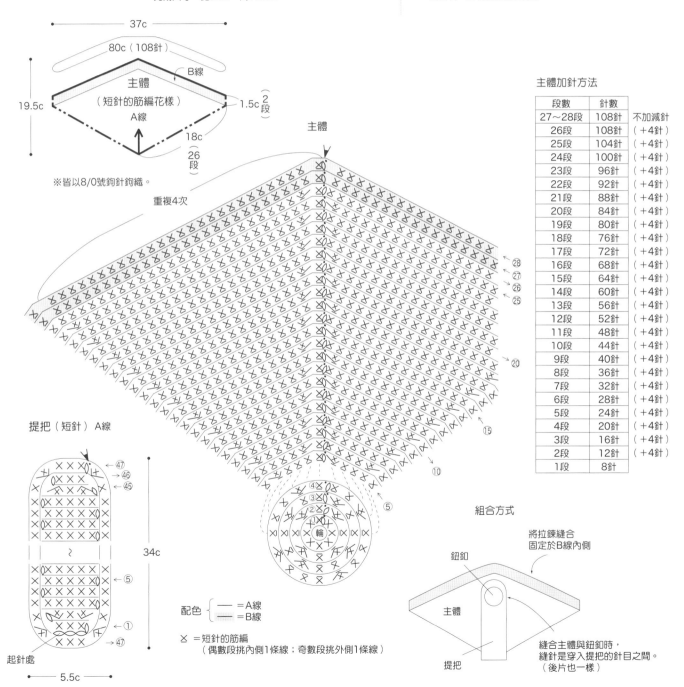

主體加針方法

段數	針數	
27～28段	108針	不加減針
26段	108針	（＋4針）
25段	104針	（＋4針）
24段	100針	（＋4針）
23段	96針	（＋4針）
22段	92針	（＋4針）
21段	88針	（＋4針）
20段	84針	（＋4針）
19段	80針	（＋4針）
18段	76針	（＋4針）
17段	72針	（＋4針）
16段	68針	（＋4針）
15段	64針	（＋4針）
14段	60針	（＋4針）
13段	56針	（＋4針）
12段	52針	（＋4針）
11段	48針	（＋4針）
10段	44針	（＋4針）
9段	40針	（＋4針）
8段	36針	（＋4針）
7段	32針	（＋4針）
6段	28針	（＋4針）
5段	24針	（＋4針）
4段	20針	（＋4針）
3段	16針	（＋4針）
2段	12針	（＋4針）
1段	8針	

主體

80c（108針）
B線
主體
（短針的筋編花樣）
A線
1.5c（2段）
37c
19.5c
18c（26段）
※皆以8/0號鉤針鉤織。
重複4次

提把（短針）A線
起針處
5.5c
34c

配色 {　—＝A線
　　　　—＝B線

⚹ ＝短針的筋編
（偶數段挑內側1條線；奇數段挑外側1條線）

組合方式

將拉鍊縫合
固定於B線內側
鈕釦
主體
提把

縫合主體與鈕釦時，
縫針是穿入提把的針目之間。
（後片也一樣）

Clutch bag
75

風琴式兩用褶襇包 ▶▶▶ P38

· 準備材料

線材	Hamanaka Eco Andaria（40g／球）
	c#165（復古黃）125g
針具	鉤針8/0號

· 密度 短針　16針18段＝10cm平方
　　　　長針　16針6段＝10cm平方

· 完成尺寸 寬41cm　高20cm

· 織法

皆取1條線鉤織。

1 主體為繞線作輪狀起針，織入6針短針，再依織圖加針鉤至第15段，完成袋底。

2 接續鉤織袋身，依織圖加針鉤至第46段，第47段改鉤長針，並於12處加入鎖針。繼續鉤織短針，並進行加針至第51段。

3 提把為鎖針起針150針，鉤織1段長針。此時提把的第一針長針，若與立起針的2針鎖針挑在同一處，即可完成美麗整齊的成品。收針處預留約15cm長的線段。

4 將提把穿入主體的穿繩口，以預留的線段進行捲針縫，接合兩端成環狀。

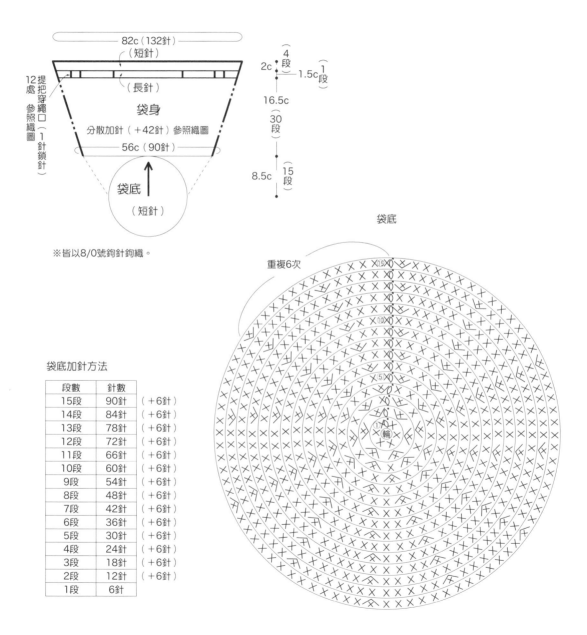

82c（132針）
（短針）
（長針）

12處 提把穿繩口（1針鎖針） 參照織圖

袋身
分散加針（＋42針）參照織圖
56c（90針）

袋底
（短針）

4段
2c
1.5c（1段）
16.5c（30段）
8.5c（15段）

※皆以8/0號鉤針鉤織。

袋底

重複6次

袋底加針方法

段數	針數	
15段	90針	（＋6針）
14段	84針	（＋6針）
13段	78針	（＋6針）
12段	72針	（＋6針）
11段	66針	（＋6針）
10段	60針	（＋6針）
9段	54針	（＋6針）
8段	48針	（＋6針）
7段	42針	（＋6針）
6段	36針	（＋6針）
5段	30針	（＋6針）
4段	24針	（＋6針）
3段	18針	（＋6針）
2段	12針	（＋6針）
1段	6針	

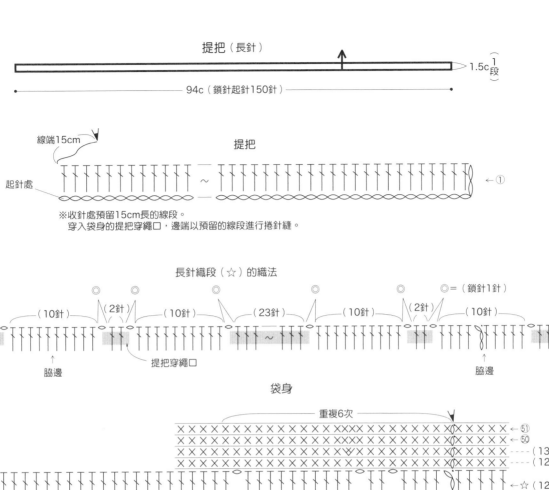

提把（長針）

1.5c 1段

94c（鎖針起針150針）

線端15cm

提把

起針處

~

←①

※收針處預留15cm長的線段。
穿入袋身的提把穿繩口，邊端以預留的線段進行捲針縫。

長針織段（☆）的織法

◎＝（鎖針1針）

（10針）（2針）（10針）（23針）（10針）（2針）（10針）

脇邊　　提把穿繩口　　　　　　　　　　　　脇邊

袋身

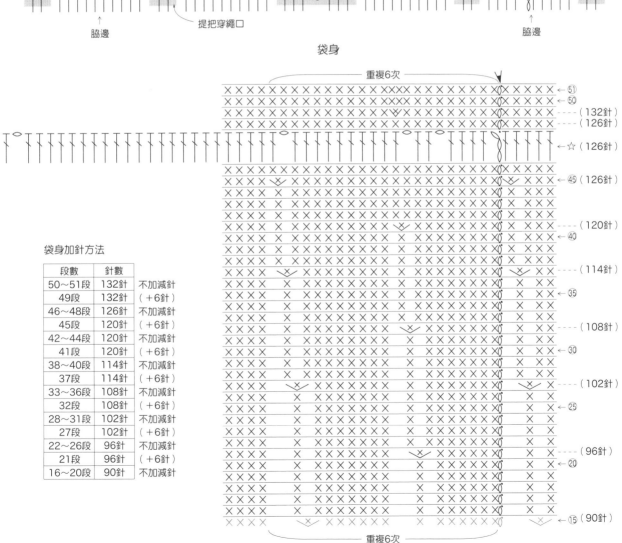

袋身加針方法

段數	針數	
50～51段	132針	不加減針
49段	132針	（＋6針）
46～48段	126針	不加減針
45段	120針	（＋6針）
42～44段	120針	不加減針
41段	120針	（＋6針）
38～40段	114針	不加減針
37段	114針	（＋6針）
33～36段	108針	不加減針
32段	108針	（＋6針）
28～31段	102針	不加減針
27段	102針	（＋6針）
22～26段	96針	不加減針
21段	96針	（＋6針）
16～20段	90針	不加減針

重複6次

←51
←50
----（132針）
----（126針）
←☆（126針）
←45（126針）
----（120針）
←40
----（114針）
←35
----（108針）
←30
----（102針）
←25
----（96針）
←20
←15（90針）

重複6次

兩用短針托特包 ▶▶▶ P39

- **準備材料**

線材	Hamanaka Comacoma（40g／球） c#16（鈷藍色）405g
針具	鉤針8/0號

- **密度** 短針 13.5針15段＝10cm平方
- **完成尺寸** 寬36cm 高26cm

- **織法**

皆取1條線鉤織。

1 主體為鎖針起針35針，以往復編鉤織14段短針，完成袋底。
　沿袋底的針目與織段挑針，鉤織37段短針完成袋身。

2 接續鉤織76針鎖針作為肩背帶的基底。

3 於主體的指定位置接線，沿單側袋口與肩背帶鉤織1段短針，
　織線暫休針。

4 依織圖在2處指定位置接線，鉤織34針鎖針作為提把基底。

5 於肩背帶的指定位置接線，沿單側肩背帶與提把外側鉤織2段
　短針。

6 以步驟3暫休針的織線鉤織提把內側。

7 另一側同樣依步驟3至6的方式編織。

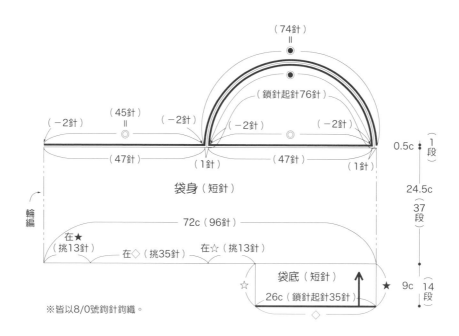

※皆以8/0號鉤針鉤織。

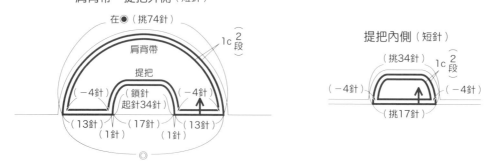

肩背帶‧提把外側（短針）

提把內側（短針）

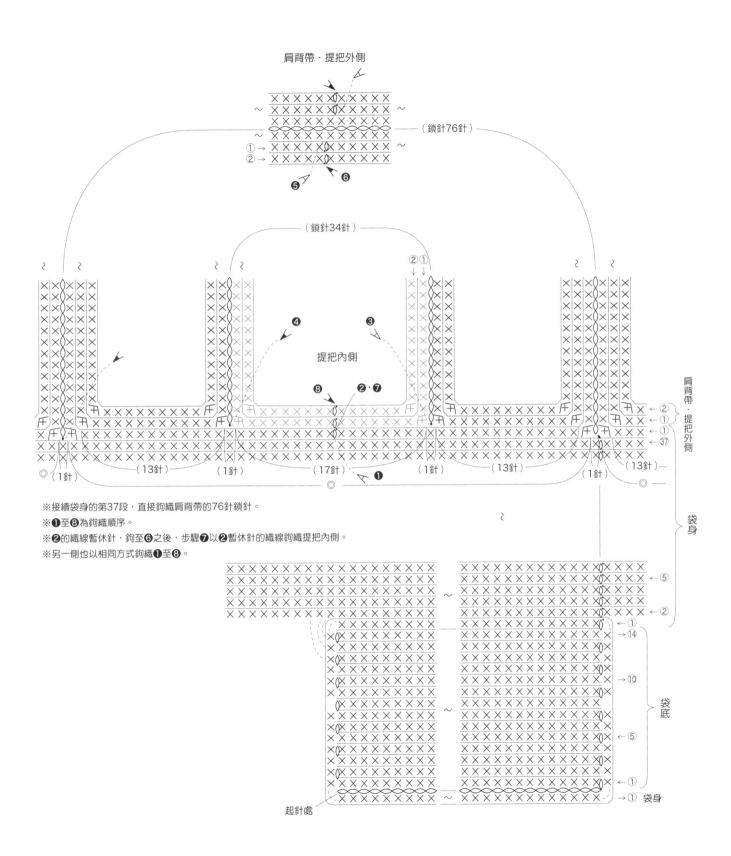

肩背帶・提把外側

（鎖針76針）

⑤ ⑥

（鎖針34針）

② ①

④ ③

提把內側

⑧ ❷・⑦

肩背帶・提把外側

← ②
← ①
← ①
← ③⑦

（1針）　（13針）　（1針）　（17針）　❶　（1針）　（13針）　（1針）　（13針）

袋身

※接續袋身的第37段，直接鉤織肩背帶的76針鎖針。

※❶至❽為鉤織順序。

※❷的織線暫休針，鉤至⑥之後，步驟⑦以❷暫休針的織線鉤織提把內側。

※另一側也以相同方式鉤織❶至❽。

← ⑤

← ②

→ ①
→ ⑭

→ ⑩

← ⑤

← ①

起針處

→ ① 袋身

袋底

【Knit・愛鉤織】64

設計×手拿包
日本人氣編織作家的30堂編織Lesson

作　　　者／日東書院本社◎編著
譯　　　者／彭小玲
發 行 人／詹慶和
總 編 輯／蔡麗玲
執行編輯／蔡毓玲
外　　　編／莊雅雯
編　　　輯／劉蕙寧・黃璟安・陳姿伶・陳昕儀
執行美編／周盈汝
美術編輯／陳麗娜・韓欣恬
出 版 者／雅書堂文化事業有限公司
發 行 者／雅書堂文化事業有限公司
郵撥帳號／18225950
戶　　　名／雅書堂文化事業有限公司
地　　　址／新北市板橋區板新路206號3樓
電　　　話／（02）8952-4078
傳　　　真／（02）8952-4084
電子郵件／elegantbooks@msa.hinet.net

2019年7月初版一刷　定價380元

SUISUI AMERU! CLUTCH BAG by Eriko Aoki, Keiko Okamoto, Reina Oku,
Mayumi Kawai, Keiko Kugimiya, Mayuko Hashimoto, Yumiko Yoshida,
Ronique
Copyright © Nitto Shoin Honsha CO., LTD. 2016
All rights reserved.
Original Japanese edition published by Nitto Shoin Honsha Co., Ltd.

This Traditional Chinese language edition is published by arrangement with
Nitto Shoin Honsha Co., Ltd., Tokyo in care of Tuttle-Mori Agency, Inc.,
Tokyo
through Keio Cultural Enterprise Co., Ltd., New Taipei City

經銷／易可數位行銷股份有限公司
地址／新北市新店區寶橋路235巷6弄3號5樓
電話／（02）8911-0825
傳真／（02）8911-0801

版權所有・翻印必究
（未經同意，不得將本著作物之任何內容以任何形式使用刊載）
本書如有破損缺頁請寄回本公司更換

國家圖書館出版品預行編目資料

設計×手拿包：日本人氣編織作家的30堂編織Lesson
/ 日東書院編著；彭小玲譯．
-- 初版．-- 新北市：雅書堂文化，2019.07
面；　公分．--（愛鉤織；64）
ISBN 978-986-302-500-9(平裝)

1.編織 2.手提袋

426.4　　　　　　　　　　　　　　108008870

Bag Design

青木惠理子
岡本啓子
奧 鈴奈（R*oom）
河合真弓
釘宮啓子（copine）
橋本真由子
吉田裕美子（編み物屋さん［ゆとまゆ］）
Ronique（ロニーク）

線材&工具的相關資訊
Hamanaka 株式会社
京都本社
〒 616-8585
京都府京都市右京区花園藪ノ下町 2 番地の 3

東京支店
〒 103-0007
東京都中央区日本橋浜町 1 丁目 11 番 10 号
http://www.hamanaka.co.jp

海星配飾&麂皮繩的相關資訊
Sun Olive 株式会社
〒 103-0002
東京都中央区日本橋馬喰町 2 丁目 2 番 16 号
http://www.sunolive.co.jp

書籍設計／柿沼みさと
攝影／小澤 顯
模特兒／うすいちあき
造型師／白井久真子
織圖繪製・監修／MD.K & works
基礎技法協力／長谷川惠子
編輯／丸山千晶
　　　ナカヤメグミ
　　　（スタンダードスタジオ）
企劃・編輯總監／中川 通
進展管理／渡辺 塁・編笠屋俊夫・牧野貴志

すいすい編める！Clutch bag

すいすい編める！Clutch bag

すいすい編める！Clutch bag

すいすい編める！ Clutch bag